职业院校机电一体化专业系列教材

数控机床电气系统装调与维修技术

主　编　王灿运　吉　翔
副主编　刘逢时　宋玉庆
参　编　杨建峰　刘世达　宋明学　孙　斌

机械工业出版社

本书是"职业院校机电一体化专业系列教材"之一，主要内容包括：数控机床电气维修基础、数控编程与操作基础、数控机床 PLC 的故障诊断与维修、主轴驱动系统的故障诊断与维修、进给驱动系统的故障诊断与维修、位置检测模块的故障诊断与维修、换刀装置及辅助装置的故障诊断与维修。

本书可作为职业院校机电一体化专业的教材，也可用作电工技术培训、企业电工培训及再就业转岗电工培训的教材，还可以作为相关工种职业技能培训和职业等级认定考试的指导教材。

图书在版编目（CIP）数据

数控机床电气系统装调与维修技术/王灿运，吉翔主编. —北京：机械工业出版社，2022.12（2025.6 重印）
职业院校机电一体化专业系列教材
ISBN 978-7-111-72232-8

Ⅰ.①数… Ⅱ.①王…②吉… Ⅲ.①数控机床-电气系统-安装-职业教育-教材②数控机床-电气系统-调试方法-职业教育-教材③数控机床-电气系统-维修-职业教育-教材 Ⅳ.①TG659

中国版本图书馆 CIP 数据核字（2022）第 252749 号

机械工业出版社（北京市百万庄大街 22 号 邮政编码 100037）
策划编辑：王振国　　　　　　责任编辑：王振国
责任校对：肖　琳　陈　越　　封面设计：严娅萍
责任印制：张　博
北京机工印刷厂有限公司印刷
2025 年 6 月第 1 版第 3 次印刷
184mm×260mm·12 印张·295 千字
标准书号：ISBN 978-7-111-72232-8
定价：39.80 元

电话服务　　　　　　　　　　网络服务
客服电话：010-88361066　　　机 工 官 网：www.cmpbook.com
　　　　　010-88379833　　　机 工 官 博：weibo.com/cmp1952
　　　　　010-68326294　　　金 书 网：www.golden-book.com
封底无防伪标均为盗版　　机工教育服务网：www.cmpedu.com

前　　言

　　本书紧紧围绕党的二十大提出的"为党育人、为国育才",办好人民满意的教育,培养更多适应经济和社会发展需要的高素质技术技能人才的新思想、新要求。坚持以岗位群需求为导向,以培养学生的职业能力和职业素养为重点,以体现工学结合特点的真实项目为载体,设计本书的教学内容和考核体系。通过"一体化"的教学模式,突出职业素养培养,用毕业生服务企业反馈为标尺衡量课程目标是否达标。

　　本书在编写过程中充分考虑高职院校及技工院校学生的特点,着力突出教材的实践性,注重对学生进行分层次培养,本书系统地介绍了数控机床电气故障的诊断与维修方法,总结了教学过程中和企业维修中的实用经验,所介绍的内容通俗易懂,图示一目了然,并以生产中实际遇到的案例作为实训的重点操作内容,使学生通过本书的学习,得以快速地掌握数控机床电气故障诊断与维修的实用技能。

　　本书编写模式新颖、呈现形式多样,立足于学生实际,以学生为主体,注重学生的自主学习、合作学习;全书配有网络课程资源,特别适合在新时期的线上线下同步学习。同时,在编写过程中,将新技术、新知识、新工艺等内容融入其中,具有一定的前瞻性和先进性。

　　本书在内容上以项目式教学为主,实现了理论知识和实践知识的有机结合,达到"教中做、做中学、学中练"的目标。

　　本书共分为7个项目,由山东劳动职业技术学院王灿运、吉翔任主编并负责统稿,山东大学的刘逢时、山东劳动职业技术学院的宋玉庆任副主编;参加编写的还有山东劳动职业技术学院的杨建峰、德州学院刘世达、山东劳动职业技术学院的宋明学和孙斌。其中王灿运编写项目1,吉翔编写项目2、项目6,杨建峰、刘世达编写项目3,刘逢时编写项目4,宋玉庆编写项目5,宋明学、孙斌编写项目7。本书作为校企合作教材,山东栋梁科技设备有限公司制造中心总经理王亮亮对本书的项目编写及实训内容都提出了很多建设性的建议,在此表示衷心的感谢。

　　由于编者水平有限,经验不足,书中难免存在错误和缺点,恳请广大读者批评指正。

编　者

目 录

前言
- 项目1 数控机床电气维修基础 1
  - 任务1 认识数控机床的结构及功能 1
  - 任务2 认识数控机床低压电器 6
  - 任务3 认识数控机床的电气图 16
  - 任务4 认识数控机床电气维修的常用工具 20
  - 任务5 认识数控系统的硬件连接 22
  - 任务6 了解数控机床电气故障的特点 26
- 项目2 数控编程与操作基础 33
  - 任务1 车床常用编程代码及指令 33
  - 任务2 铣床常用编程代码及指令 40
  - 任务3 数控机床基本操作 46
- 项目3 数控机床PLC的故障诊断与维修 58
  - 任务1 认识数控机床的PLC 58
  - 任务2 编辑数控机床的PLC程序 78
  - 任务3 PLC控制模块的故障诊断与维修 86
- 项目4 主轴驱动系统的故障诊断与维修 93
  - 任务1 主轴系统的结构及工作原理 93
  - 任务2 主轴伺服系统的故障诊断与维修 104
  - 任务3 其他主轴驱动系统的故障诊断方法 120
- 项目5 进给驱动系统的故障诊断与维修 128
  - 任务1 进给驱动系统的结构形式 128
  - 任务2 进给伺服系统的故障诊断与维修 132
  - 任务3 其他进给驱动系统的故障诊断方法 141
- 项目6 位置检测模块的故障诊断与维修 151
  - 任务1 位置检测单元的工作原理 152
  - 任务2 位置检测装置故障的诊断与维修 166
- 项目7 换刀装置及辅助装置的故障诊断与维修 176
  - 任务1 换刀装置的故障诊断与维修 177
  - 任务2 辅助装置的故障诊断与维修 183
- 参考文献 187

项目 1
数控机床电气维修基础

> 学习指南

数控机床电气维修基础可帮助学生初步了解数控机床电气系统知识，为后续的学习做好铺垫。学生要掌握数控机床的结构及功能、机床电气图、常用的维修工具、数控系统硬件的连接及电气故障的特点等内容，学习数控系统的组成和工作原理、电气原理图绘制及分析、维修工具的使用、系统硬件的连接方式及注意事项、电气故障的一般维修步骤和相关参数设定等知识点。通过本项目的学习，可增强学生的应用分析能力并提升动手实操水平。

> 内容结构

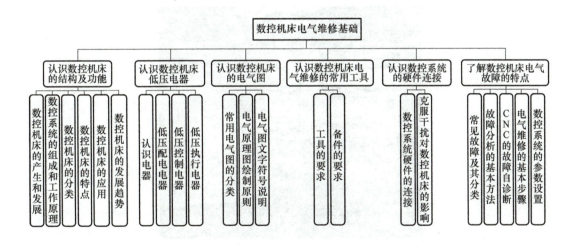

任务 1　认识数控机床的结构及功能

> 知识目标

1）数控技术的基本概念。
2）数控系统的组成和工作原理。

> 技能目标

1）能够认识数控技术，区分不同含义。
2）能掌握数控机床及系统的组成，会分析其工作原理。

➢ **素养目标**

1）培养学生独立分析问题的能力。
2）使学生熟知数控领域内的发展趋势，确立职业发展方向。

➢ **必备知识**

一、数控机床的产生和发展

1. 数控机床的产生

数控技术简称数控（Numerical Control，NC），它是利用数字化信息对机械运动及加工过程进行控制的一种方法，是现代工业实现自动化、柔性化、集成化生产的基础，是知识密集、资金密集的现代制造技术，也是国家重点发展的前沿技术。

为解决加工飞机螺旋桨叶片轮廓样板曲线的难题，美国麻省理工学院（MIT）于1952年3月研制成功世界上第一台有信息存储和处理功能的数控三坐标铣床（见图1-1）。它的产生标志数控技术以及数控机床的诞生，该数控铣床的研制成功使得传统的机械制造技术发生了质的飞跃，是机械制造业的一次标志性技术成果。

图 1-1　世界上第一台数控三坐标铣床

2. 数控机床的发展过程

数控机床在发展过程中经历了6个发展阶段。
第一代：电子管数控系统。
第二代：晶体管数控系统。
第三代：集成电路数控系统。
第四代：小型计算机数控系统。
第五代：微型机数控系统。
第六代：基于PC的通用型CNC数控系统。
我国于1958年研制出了第一台数控机床。

目前,我国已能批量生产和供应各类数控系统,并掌握了多轴(5轴以上)联动、螺距误差补偿、图形显示和高精度伺服系统等多项关键技术,基本上能够满足国内各机床生产厂家的需要。但是,我国的数控技术与国际先进水平相比,依然存在一定差距,主要表现在以下两个方面。

其一,数控系统和数控机床的稳定性较差。

其二,我国数控系统成套性较差。

二、数控系统的组成和工作原理

数控机床的主要组成如图1-2所示,数据机床的工作原理如图1-3所示。

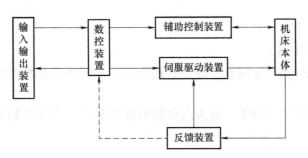

图1-2 数控机床的主要组成

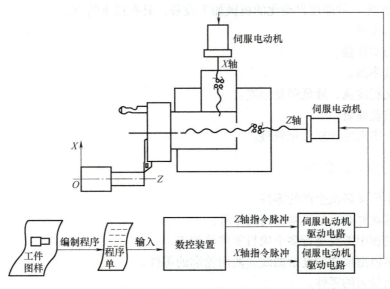

图1-3 数控机床的工作原理

(1)输入输出装置　输入输出装置是数控系统与外部设备进行交互的装置。

(2)数控装置　数控装置对输入的程序进行译码和运算处理,并向各个坐标轴的伺服驱动装置和辅助控制装置发出相应的控制信号,以控制机床本体各部件的运动。

(3)伺服驱动装置和反馈装置　伺服驱动控制主要是控制机床坐标轴的位移,对输入指令信号进行控制和功率放大。

(4)测量装置　其作用是检测数控机床坐标轴的实际位置和移动速度,检测信号被反馈输入到机床数控系统或伺服驱动装置。

（5）辅助控制装置　辅助控制装置是根据数控装置输出主轴的转速、转向和起停指令，刀具的选择和交换指令，冷却、润滑装置的起停指令。

（6）机床本体　机床本体与传统的机床相同，由主传动系统、进给传动系统、床身、工作台液压气动等装置组成。

三、数控机床的分类

（1）按加工方式分类

1）普通数控机床：分为数控车床、数控铣床、数控钻床、数控磨床和数控齿轮加工机等。

2）加工中心。

3）数控特种加工机床。

（2）按伺服系统分类　分为开环控制数控机床、半闭环控制数控机床和闭环控制数控机床。

（3）按控制运动的方式分类　分为点位控制数控机床、直线控制数控机床和轮廓控制数控机床。

四、数控机床的特点

数控机床作为一种高度自动化的机械加工设备，具有以下特点：

1）加工精度高。

2）机床的柔性强。

3）生产效率高。

4）自动化程度高，降低劳动强度。

5）经济效益显著。

6）有利于实现生产现代化管理。

五、数控机床的应用

1）批量小而又多次生产的零件。

2）几何形状复杂，加工精度高的零件。

3）加工过程中需要进行多个项目零件的加工。

4）用数学模型描述的复杂曲线或曲面轮廓的零件。

5）切削余量大的零件。

6）必须严格控制公差的零件。

7）工艺设计发生变化的零件。

8）加工过程中如果发生错误将会造成严重浪费的贵重零件。

9）需要全部检验的零件。

六、数控机床的发展趋势

（1）高速度与高精度化　速度和精度是数控机床的两个重要指标，它直接关系到加工效率和产品质量。

（2）高柔性化　柔性是指机床适应加工对象变化的能力。采用柔性自动化设备或系统，是提高加工效率、缩短生产和供货周期，并能对市场变化需求做出快速反应和提高竞争能力的有效手段。

（3）复合化　复合化包含工序复合化和功能复合化。数控机床复合化发展的趋势是尽可能将零件所有工序集中在一台机床上，实现全部加工之后，该零件或入库或直接送到装配工序，而不需要再转到其他机床上进行加工。

（4）多功能化　在一台数控机床上同时进行零件加工和程序编制。

（5）智能化　智能加工是一种基于知识处理理论和技术的加工方式，以满足人们所要求的高效率、低成本、操作简便为基本特征。发展智能加工的目的是要解决加工过程中众多不确定性的、要求人工干预才能解决的问题。

（6）造型宜人化　造型宜人化是一种新的设计思想和观点。它是将功能设计、人机工程学与工业美学有机地结合起来，是技术与经济、文化、艺术的协调统一，其核心是使产品变为更具魅力，更适销对路的商品，引导人们进入一种新的工作环境。

➤ 任务实施

一、课前准备

1. 工具、仪表及器材

1）工具：常用电工工具一套。

2）仪表：ZC25—3 型绝缘电阻表（500V、0～500MΩ）、MF47 型指针式万用表或数字式万用表各一块（也可根据自身情况选用其他型号的仪表，后同）。

3）器材：数控车床、加工中心等。

2. 安全措施

1）工装。

2）绝缘胶鞋。

二、实施过程

1）在教师指导下，仔细观察各数控机床的外形、型号及其主要技术参数的意义、功能、结构组成等。

2）由指导教师随机选取一台设备，提问该设备的主要参数及特征，学生进行描述。

3）教师运行设备，指导学生观察数控加工过程，并讲解工作原理。

三、职业素养

1）"7S" 是整理、整顿、清扫、清洁、素养、安全和节约，7S 职业素养进课堂、进实训场地。

2）实训课前，准备好电工工具、学习资料，穿工装、绝缘胶鞋列队进入实训场地。

3）实训期间，按照岗位操作标准和安全操作规范进行实训操作练习，节约实训耗材。

4）实训结束，收好工具、仪器仪表，整理实训台，清理现场，做好记录。

> 任务总结与评价

序号	项目及技术要求	评分标准	分值	成绩
1	识别数控机床	正确指认各常见数控机床	25 分	
2	认识主要组成部分	正确描述数控机床的结构及功能	45 分	
3	分析工作原理	正确描述数控机床的工作原理	30 分	

> 课后习题

1. 数控机床的组成部分有哪些。
2. 简述数控机床的工作原理。

任务 2　认识数控机床低压电器

> 知识目标

1）熟知低压电器的分类。
2）了解低压电器的结构组成。

> 技能目标

1）能够使用常见的低压配电电器、控制电器和执行电器。
2）能掌握各类低压电器的工作原理。

> 素养目标

1）培养学生独立分析问题的能力。
2）锻炼学生的动手维修能力。

> 必备知识

一、认识电器

1. 概述

（1）电器定义　电器是所有电工器械的简称，即凡是根据外界特定信号和要求自动或手动接通或断开电路，断续或连续地改变电路参数，实现对电路或非电对象的切换、控制、保护、检测和调节的电工器械统称为电器。

（2）低压电器　用于交流 1200V 及以下、直流 1500V 及以下的电路中起通断、保护、控制或调节作用的电器产品。

（3）高压电器　用于交流 1200V 以上、直流 1500V 以上的电路中起通断、保护、控制或调节作用的电器。

2. 低压电器的分类

（1）按照用途来分类　按照用途不同，低压电器可分为低压配电电器、低压控制电器及低压执行电器。

（2）按照动作方式来分类　按照动作方式不同，低压电器可分为自动切换电器和非自动切换电器。

（3）按照执行功能来分类　按照执行功能不同，低压电器可分为有触点电器和无触点电器。

二、低压配电电器

低压配电电器主要用于低压配电电路、动力装置中，对电路和设备起保护（短路保护、过热保护、漏电保护）、通断、转换电源或转换负载作用。

1. 断路器（低压断路器）

说明：低压断路器俗称自动空气开关，现采用 IEC 标准称为低压断路器。

定义：低压断路器是将控制电器和保护电器的功能合为一体的电器。它相当于刀开关、熔断器、热继电器、欠电压继电器等的组合，是一种既有手动开关作用又能进行欠电压、失电压、过载和短路保护的电器。正常工作时，可以人工操作接通或切断电源与负载的联系，当出现短路、过载、欠电压等故障时能自动切断故障电路。

功能：电动机的过载保护和短路保护；电路不频繁通断。

塑料外壳式断路器如图 1-4 所示。

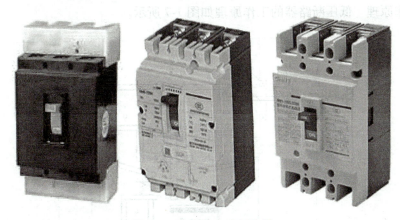

图 1-4　塑料外壳式断路器

小型断路器如图 1-5 所示，其图形及文字符号如图 1-6 所示。

（1）基本结构　低压断路器主要由主触头、操作机构、脱扣器和灭弧装置等组成。

1）主触头：主触头用来接通和分断主电路。

2）操作机构：操作机构是实现低压断路器闭合及断开的机构，分为机械式和电动式两种。

3）脱扣器：当电路出现故障时，脱扣器会感测到故障信号并发生动作，经自由脱扣器将主触头断开。

4）灭弧装置：主触头上装有灭弧装置，其目的是为了提高触头的分断能力。

图 1-5 小型断路器

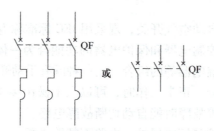

图 1-6 断路器的图形及文字符号

（2）工作原理　低压断路器的工作原理如图 1-7 所示。

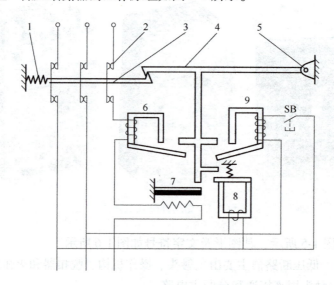

图 1-7 低压断路器的工作原理

1—分闸弹簧　2—主触头　3—传动杆　4—锁扣　5—轴　6—过电流脱扣器
7—热脱扣器　8—失（欠）电压脱扣器　9—分励脱扣器

（3）选择原则

1）断路器额定电压大于或等于线路额定电压。

2）断路器额定电流大于或等于线路或设备额定电流。

3）断路器通断能力大于或等于线路中可能出现的最大短路电流。

4）失（欠）电压脱扣器额定电压等于线路额定电压。

5）分励脱扣器额定电压等于控制电源电压。

6）瞬时整定电流：对保护笼型异步电动机的断路器，瞬时整定电流为 8~15 倍电动机额定电流；对于保护绕线转子异步电动机的断路器，瞬时整定电流为 3~6 倍电动机额定电流。

7）6 倍长延时电流整定值的可返回时间长于或等于电动机实际起动时间。

2. 接触器

（1）用途和分类

1）用途：接触器广泛应用于频繁地接通和分断带有负载的主电路或大容量的控制电路，并可实现远距离的自动控制。

2）分类：接触器根据操作原理的不同可分为：电磁式、气动式和液压式。绝大多数的接触器为电磁式接触器。根据接触器触头控制负载的不同可分为：直流接触器（用作接通和分断直流电路的接触器）和交流接触器（用作接通和分断交流电路的接触器）两种。此外接触器还可按它的冷却情况分为：自然空气冷却、油冷和水冷三种，绝大多数的接触器是空气冷却式。按结构布置形式有正装和倒装两种方式。

（2）交流接触器的构造和工作原理　交流接触器主要由以下 4 部分组成：

1）电磁系统：线圈（见图 1-8a）、衔铁、铁心。

2）触头系统：主触头（见图 1-8b）、辅助触头（见图 1-8c）。辅助触头的常开和常闭触头是联动的，即常闭触头打开时常开触头闭合。接触器主触头的作用是接通和断开主电路，辅助触头一般接在控制电路中，完成电路的各种控制要求。通常有一组辅助触头，布置在主触头右侧。

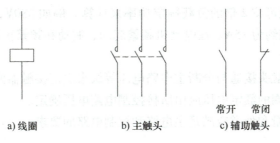

a) 线圈　　　b) 主触头　　　c) 辅助触头

图 1-8　交流接触器

3）灭弧室：触头动作时产生很大的电弧，为了迅速切断电弧，一般容量稍大些（10A 以上）的交流接触器都有灭弧室。

4）其他部分：反作用弹簧、缓冲弹簧、触头压力弹簧片、传动机构、短路环和接线柱等。

交流接触器（见图 1-9）利用主触头来接通或分断电路，用辅助触头来执行控制指令。主触头一般只有常开触头，而辅助触头常有两对具有常开和常闭功能的触头。

交流接触器常见故障：吸力不足、线圈过热烧毁和触头不能复位。

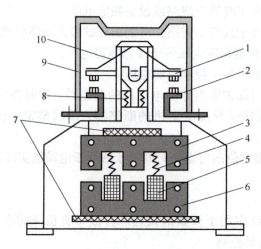

图 1-9 交流接触器结构示意图

1—动触头 2—静触头 3—衔铁 4—弹簧 5—线圈 6—铁心
7—垫毡 8—触头弹簧 9—灭弧罩 10—触头压力弹簧

（3）接触器的选用　接触器的主要技术参数有极数和电流种类、额定工作电压、额定工作电流（或额定控制功率）、额定通断能力、线圈额定电压、允许操作频率、机械寿命和电寿命、接触器线圈的起动功率和吸持功率、使用类别等。

1）选用时应先确定接触器的极数和电流种类。

2）根据接触器所控制负载的工作任务来选择相应使用类别。对于交流接触器，其主触头的额定电压应大于或等于负载的额定电压。

3）根据负载功率和操作情况来确定接触器主触头的电流等级。交流接触器主触头的额定电流应大于或等于负载的额定电流。对于中小功率的交流电动机，当额定电压为380V时，其额定电流值一般可按2倍的负载额定功率来计算。例如380V，7.5kW 的三相笼型异步电动机，其额定电流约为15A。在电动机频繁起动、制动和频繁正反转的场合下，接触器的容量应增大1倍。

4）根据接触器主触头接通与分断主电路电压等级来决定接触器的额定电压。

5）接触器吸引线圈的额定电压应由所接控制电路电压确定。

6）接触器触头数量和种类应满足主电路和控制电路的要求。

3. 变压器

变压器是一种将某一数值的交流电压变换成频率相同但数值不同的交流电压的静止电器。

（1）机床控制变压器　机床控制变压器适用于交流50~60Hz、输入电压不超过660V的电路，作为各类机床、机械设备等一般电器、步进电动机驱动器、局部照明及指示灯的电源。

（2）三相变压器　三相电压的变换可用3台单相变压器也可用1台三相变压器，从经济性和缩小安装体积等方面考虑，可优先选择三相变压器。在数控机床中三相变压器主要是给伺服动力等供电。

4. 熔断器

熔断器是一种广泛应用于低压电路或者电动机控制电路中最简单有效的保护电器。

熔断器的主体是用低熔点的金属丝或者金属薄片制成的熔体,熔体与绝缘底座或者熔管组合而成。

熔断器的熔体材料通常有两种:一种是由铅锡合金和锌等低熔点、导电性能较差的金属材料制成;另一种是由银、铜等高熔点、导电性能好的金属制成。

熔断器的选择:

1)根据线路要求、使用场合和安装条件选择熔断器的类型。
2)熔断器额定电压应高于或等于线路的工作电压。
3)熔断器额定电流应大于或等于所装熔体的额定电流。

三、低压控制电器

低压控制电器主要是指在控制电路中用作发布命令或控制程序的开关电器(电气传动控制中的控制器、电动机起/停/正反转兼作过载保护的起动器)、电阻器与变阻器(不断开电路情况下可分级或平滑地改变电阻值)、操作电磁铁、中间继电器(速度继电器与时间继电器)等。

1. 继电器

继电器是一种利用各种物理量的变化,将电量或非电量信号转化为电磁力或使输出状态发生阶跃变化,从而通过其触头或突变量促使在同一电路或另一电路中的其他器件或装置动作的控制元件。它用于各种控制电路中进行信号传递、放大、转换、联锁等,控制主电路和辅助电路中的器件或设备按预定的动作程序进行工作,实现自动控制和保护的目的。

(1)继电器的分类

1)按输入信号的性质分为:电压继电器、电流继电器、时间继电器和温度继电器等。
2)按工作原理可分为:电磁式继电器(见图1-10)、感应式继电器、电动式继电器和热继电器等。

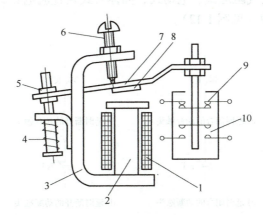

图1-10 电磁式继电器

1—线圈 2—铁心 3—磁轭 4—弹簧 5—调节螺母 6—调节螺钉
7—衔铁 8—非磁性垫片 9—动断触头 10—动合触头

电磁式继电器按吸引线圈电流种类不同，有交流和直流两种。虽然种类不同，但一般图形符号是相同的，如图 1-11 所示。中间继电器的文字符号为 KA；电流继电器的文字符号为 KI，线圈矩形框中用 $I>$（或 $I<$）表示过电流（或欠电流）继电器；电压继电器的文字符号为 KV，线圈矩形框中用 $U>$（或 $U<$）表示过电压（或欠电压）继电器。

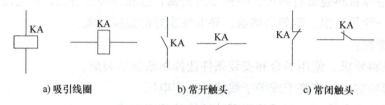

a) 吸引线圈　　b) 常开触头　　c) 常闭触头

图 1-11　电磁式继电器图形及文字符号（中间继电器）

由于电磁式继电器具有工作可靠、结构简单、制造方便、寿命长等一系列优点，所以这种继电器在数控机床电气控制系统中应用较为广泛。

（2）电磁式继电器的基本结构　电磁式继电器是自动控制电路中常用的一种元件。实际上它是用较小电流控制较大电流的一种自动开关。电磁式继电器一般由电磁系统、触头系统和调节系统等组成。

1）电磁系统：包括衔铁、铁心、轭铁、线圈等，是反映继电器输入量的结构系统。

2）触头系统：包括动、静触头及其附件。触头一般为桥式触头，有常开和常闭两种形式，没有灭弧装置。触头系统是反映输出量的结构系统。

3）调节系统：继电器中设有反作用弹簧，在继电器断电释放时使得触头复位。一般还设有改变反作用弹簧松紧程度的调节装置和改变衔铁释放时初始状态磁路气隙大小的调节装置，如调节螺母和非磁性垫片等。

（3）时间继电器　时间继电器在感受到外界信号后，需要经过一段时间才能执行相应的动作。对于电磁式时间继电器，当线圈在接收信号以后（通电或失电），其对应的触头使某一控制电路延时断开或闭合。

时间继电器主要有空气阻尼式、电动式、晶体管式及直流电磁式等几大类。延时方式有通电延时和断电延时两种（见图 1-12）。

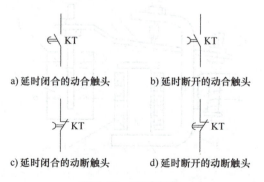

a) 延时闭合的动合触头　　b) 延时断开的动合触头

c) 延时闭合的动断触头　　d) 延时断开的动断触头

图 1-12　延时方式

其工作原理为：线圈通电→衔铁吸合（向下）→连杆动作→触头动作。

时间继电器是电路中控制动作时间的设备。它利用电磁原理来实现触头的延时接通和断开。

通电延时（见图1-13a）：当线圈通电时触头延时动作，线圈断电时触头瞬时复位。

断电延时（见图1-13b）：当线圈断电时触头延时复位，线圈通电时触头瞬时动作。

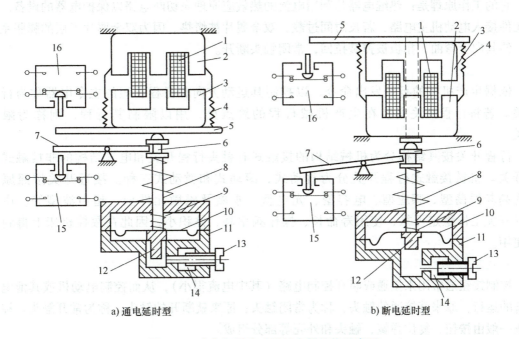

a) 通电延时型　　　　　　　　　　　b) 断电延时型

图1-13　空气阻尼式时间继电器结构示意图

1—线圈　2—铁心　3—衔铁　4—复位弹簧　5—推板　6—活塞杆　7—杠杆　8—塔形弹簧　9—弱弹簧
10—橡胶膜　11—空气室壁　12—活塞　13—调节螺杆　14—进气孔　15、16—微动开关

（4）电流继电器　电流继电器是根据输入（线圈）电流大小而动作的继电器。电流继电器的线圈串接在被测电路中，以反映电流的变化。其触头串接在控制电路中，用于控制接触器的线圈或信号指示灯的通断。为了不影响电路正常工作，电流继电器的线圈阻抗小、导线粗、匝数少。电流继电器有过电流继电器和欠电流继电器两种。

（5）电压继电器　电压继电器是根据输入电压的高低而动作的继电器。电压继电器线圈与被测电路并联。为减少分流，电压继电器的线圈导线细、匝数多、阻抗高。电压继电器有过电压继电器和欠电压继电器两种。

（6）中间继电器　中间继电器是将一个输入信号变成一个或多个输出信号的继电器。中间继电器的特点是触头数目多（6个以上），触头电流较大（5A）；但与接触器不同的是，中间继电器的触头无主辅之分，当电动机功率较小时，可代替接触器的触头。

（7）速度继电器　速度继电器是利用转轴的一定转速来切换电路的自动电器。它常用于电动机的反接制动控制电路中，当反接制动的转速下降到接近零时，它能自动地及时切断电流。它由转子、定子和触头三部分组成。速度继电器与电动机同轴，触头串接在控制电路中。

（8）热继电器　热继电器是电流通过发热元件产生热量来使检测元件受热弯曲，推动执行机构动作的一种保护电器。它主要用来保护电动机或其他负载免于过载以及作为三相电动机的断相保护等。

热继电器主要由感温元件（又称为热元件）、触头系统、动作机构、复位按钮、电流调节装置和温度补偿元件等组成。

它的工作原理是：热继电器是利用电流的热效应原理来切断电路以保护电器的设备。发热元件接入电动机主电路，若长时间过载，双金属片被烤热。因为双金属片下层的膨胀系数大，使其向上弯曲，扣板被弹簧拉回，常闭触头断开。

2. 行程开关

依据生产机械的行程发出命令，以控制其运动方向和行程长短的主令电器称为行程开关。若将行程开关安装在生产机械行程的终点处，用以限制其行程，则称为限位开关。

行程开关按其结构分为机械结构的接触式有触头行程开关和电气结构的非接触式接近开关。机械接触式行程开关分为直动式、滚动式和微动式三种。接近开关按照原理分为高频振荡型、感应型、电容型、光电型、永磁及磁敏元件型、超声波型等。由于接近开关工作稳定可靠、使用寿命长、操作频率高、体积小，因此在数控机床上得到广泛使用。

3. 控制按钮和指示灯

控制按钮通常用来接通或断开控制电路（其中电流很小），从而控制电动机或其他电气设备的运行；原来就接通的触头，称为常闭触头；原来就断开的触头，称为常开触头。控制按钮一般由按钮、复位弹簧、触头和外壳等部分组成。

国标对按钮的颜色和标识都有要求，根据这些要求可以正确地设计、识别按钮的功能及含义。按钮的颜色应符合以下要求：

1）"停止"和"急停"按钮必须是红色。当按下红色按钮时，必须使设备停止工作或断电。

2）"起动"按钮的颜色是绿色。

3）"起动"与"停止"交替动作的按钮必须是黑色、白色或灰色，不得用红色和绿色。

4）"点动"按钮必须是黑色。

5）"复位"（如保护继电器的复位按钮）必须是蓝色。当复位按钮还有停止的作用时，必须是红色。

四、低压执行电器

低压执行电器是用于完成某种动作或传送某种功能的电器。

1. 电磁阀

电磁阀是用电磁铁推动滑阀移动来控制介质（气体、液体）的方向、流量、速度等参数的工业装置。

2. 电磁离合器

电磁离合器是利用表面摩擦和电磁感应原理，在两个做旋转运动的物体间传递转矩的执行电器。由于它便于远距离控制，控制能量小，动作迅速、可靠、结构简单，广泛应用于机床的电气控制。目前，摩擦片式电磁离合器应用较为普遍。

> 任务实施

一、课前准备

1. 低压电器

1）常见配电电器。
2）常见控制电器。
3）常见执行电器。

2. 安全措施

1）工装。
2）绝缘胶鞋。

二、实施过程

1）在教师指导下，区分各类低压电器。
2）学生分组，拆装各类低压电器，并讨论可能出现的故障。

三、职业素养

1）"7S"是整理、整顿、清扫、清洁、素养、安全和节约，7S职业素养进课堂、进实训场地。
2）实训课前，准备好电工工具、学习资料，穿工装、绝缘胶鞋列队进入实训场地。
3）实训期间，按照岗位操作标准和安全操作规范进行实训操作练习，节约实训耗材。
4）实训结束，收好工具、仪器仪表，整理实训台，清理现场，做好维修记录。

> 任务总结与评价

序号	项目及技术要求	评分标准	分值	成绩
1	低压电器分类	能够区分各类低压电器	25分	
2	分析低压电器的结构	准确指出各类低压电器的结构	45分	
3	职业道德规范、安全文明生产、工作纪律及态度	穿工装、绝缘胶鞋进入实训场地；按照指导教师要求和安全操作规范完成任务操作练习	30分	

> 课后习题

列举数控机床低压电器的常见故障。

任务3　认识数控机床的电气图

➢ 知识目标

1) 数控机床电气图的绘制原则。
2) 数控机床电气图标识符号。

➢ 技能目标

1) 能根据电气图，对数控机床电气部分进行分析。
2) 能结合实物，绘制数控机床的电气图。

➢ 素养目标

1) 锻炼学生读图分析的能力。
2) 提升学生独立思考的水平。

➢ 必备知识

一、常用电气图的分类

电气图是电气技术人员统一使用的工程语言。常用的电气图有三种，即电气原理图、电器元件布置图和安装接线图，其中最重要的是电气原理图。

二、电气原理图绘制原则

1) 电气原理图一般分为主电路、控制电路和辅助电路三个部分。
2) 电气原理图中所有电器元件的图形和文字符号都要符合国家标准。
3) 在电气原理图中，所有电器元件的可动部分均按原始状态画出。
4) 动力电路的电源线应水平画出；主电路应垂直于电源线画出；控制电路和辅助电路应垂直于两条或几条水平电源线之间；耗能元件应接在下面一条电源线一侧，而各种控制触头应接在另一条电源线上。
5) 电气原理图中采用自左向右或自上而下表示操作顺序，同时应尽量减少线条数量，避免线条交叉。
6) 在电气原理图上应标出各个电源电路的电压值、极性或频率及相数；对某些元器件还应标注其特性；不常用的电器元件，标注其操作方式和功能等。
7) 为方便识图，在电气原理图中可将图幅分成若干个图区，图区行的代号用英文字母表示，一般可省略，列的代号用阿拉伯数字表示，其图区编号写在图的下面。上方为该区电路的用途和作用。
8) 在继电器、接触器线圈下方均列有触头表说明线圈和触头的从属关系，即"符号位置索引"。也就是在相应线圈的下方，给出触头的图形符号（有时也可省去），对未使用的触头用"×"表明（或不作表明）。

三、电气图文字符号说明

电气图文字符号说明见表 1-1。

表 1-1　电气图文字符号说明

名称		图形符号	文字符号	名称		图形符号	文字符号
一般三相电源开关			QK	低压断路器			QF
位置开关	常开触头		SQ	按钮	起动		SB
	常闭触头				停止		
	复合触头				复合触点		
接触器	线圈		KM	时间继电器	线圈		KT
	主触头				通电延时闭合触头		
	常开辅助触头				断电延时断开触头		
	常闭辅助触头				通电延时闭合触头		
速度继电器	常开触头		KS		断电延时闭合触头		
	常闭触头			熔断器			FU

（续）

名称		图形符号	文字符号	名称	图形符号	文字符号
热继电器	热元件	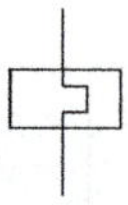	FR	旋动开关	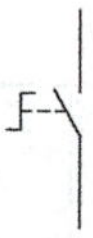	SA
	常闭触头	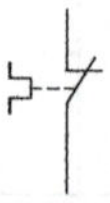		电磁离合器	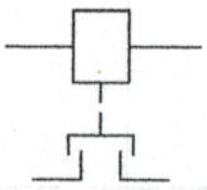	YC
继电器	中间继电器线圈	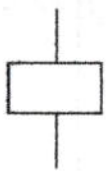	KA	保护接地		PE
	欠电压继电器线圈	 U<	KV	桥式整流装置	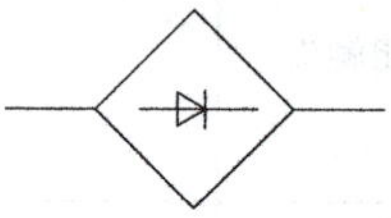	VC
	欠电流继电器线圈	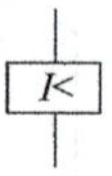 K<	KI	照明灯	⊗	EL
	过电流继电器线圈	 I>		信号灯	⊗	HL
	常开触头		相应继电器符号	直流电动机	Ⓜ	M
	常闭触头			交流电动机	Ⓜ	M

> ▶ 任务实施

一、课前准备

1. 工具、仪表及器材

1）工具：常用电工工具一套。

2）仪表：MF47型指针式万用表或数字式万用表各一块。

3）器材：数控机床、电气图等。

2. 安全措施

1）工装。

2）绝缘胶鞋。

二、实施过程

1）在教师指导下，根据电气图，在数控机床上找出各元器件所在的位置。

2）识读、分析电路图（见图1-14）。

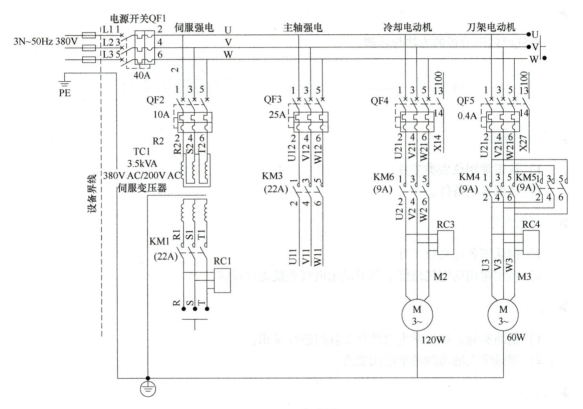

图1-14　电路图

① 主电路分析。

② 电源电路分析。

③ 控制电路分析。

三、职业素养

1）"7S"是整理、整顿、清扫、清洁、素养、安全和节约，7S职业素养进课堂、进实训场地。

2）实训课前，准备好电工工具、学习资料，穿工装、绝缘胶鞋列队进入实训场地。

3）实训期间，按照岗位操作标准和安全操作规范进行实训操作练习，节约实训耗材。

4）实训结束，收好工具、仪器仪表，整理实训台，清理现场，做好维修记录。

➢ 任务总结与评价

序号	项目及技术要求	评分标准	分值	成绩
1	分析主电路	准确分析并叙述机床主回路	30 分	
2	分析电源电路	准确分析并叙述机床电源电路	30 分	
3	分析控制电路	准确分析并叙述机床控制电路	40 分	

➢ 课后习题

电气原理图分析的方法与步骤。

任务 4　认识数控机床电气维修的常用工具

➢ 知识目标

1）认识常用仪表类工具。
2）认识常用备件。

➢ 技能目标

1）能认识各种维修工具。
2）能用常用的电气维修工具对机床电气系统进行检测。

➢ 素养目标

1）借助实物，加强学生对维修工具的感性认识。
2）增强学生的实践动手应用能力。

➢ 必备知识

一、工具的要求

1. 常用仪表

（1）数字式万用表　数字式万用表可用于大部分电气参数的准确测量，判别电器元件的性能好坏。数控机床维修对数字式万用表的基本测量范围以及精度要求一般如下：

1）交流电压：200mV~700V，200mV 档的分辨率应不低于 100μV。
2）直流电压：200mV~1000V，200mV 档的分辨率应不低于 100μV。
3）交流电流：200μA~20A，200μA 档的分辨率应不低于 0.1μA。
4）直流电流：20μA~20A，20μA 档的分辨率应不低于 0.01μA。
5）电阻：200Ω~200MΩ，200Ω 档的分辨率应不低于 0.1Ω。
6）电容：2nF~20μF，2nF 档的分辨率一般应不低于 1pF。

（2）示波器　示波器用于检测信号的动态波形，如脉冲编码器、测速机、光栅的输出波形，伺服驱动器、主轴驱动单元的各级输入、输出波形等，其次还可以用于检测开关电源显示器的垂直、水平振荡与扫描电路的波形等。

（3）相序表　相序表主要用于测量三相电源的相序，它是进行直流伺服驱动器、主轴驱动器维修的必要测量工具之一。

（4）常用的长度测量工具　长度测量工具（如千分表、百分表等）用于测量机床移动距离、反向间隙值等。

2. 常用工具

常用工具包括：电烙铁、吸锡器、螺钉旋具类、钳类、扳手类，以及剪刀、吹尘器、卷尺、焊锡丝、松香、酒精和刷子等。

二、备件的要求

数控机床维修所涉及的元器件、零件众多，备用的元器件不可能全部准备充分、齐全，但是，若维修人员能准备一些最为常见的易损元器件，可以给维修带来很大的方便，有助于迅速处理解决问题，这些元器件包括：常用的二极管、各种规格的电阻（规格应齐全）、常用的晶体管。常用的集成电路主要有：集成运放、集成稳压源、光耦器件、线驱动放大器/接收器、D/A 转换器、输出驱动和模拟开关等。

➢ 任务实施

一、课前准备

1. 工具、仪表

1）工具：常用电工工具一套。
2）仪表：常用仪器仪表及使用说明书。

2. 安全措施

1）工装。
2）绝缘胶鞋。

二、实施过程

1）在教师指导下，仔细观察各数控机床电气系统装调与维修所用的仪器与仪表，了解其外形、型号及主要技术参数的意义、功能、结构组成等。

2）由指导教师随机选取一台仪器仪表，提问该工具的主要参数及特征，学生进行描述。

3）教师讲解逻辑测试笔与短路追踪仪的使用方法，学生进行练习。

三、职业素养

1）"7S"是整理、整顿、清扫、清洁、素养、安全和节约，7S 职业素养进课堂、进实训场地。

2）实训课前，准备好电工工具、学习资料，穿工装、绝缘胶鞋列队进入实训场地。

3）实训期间，按照岗位操作标准和安全操作规范进行实训操作练习，节约实训耗材。
4）实训结束，收好工具、仪器仪表，整理实训台，清理现场，做好维修记录。

➢ 任务总结与评价

序号	项目及技术要求	评分标准	分值	成绩
1	使用电工工具	正确测量机床各项数据	40 分	
2	使用电气测量仪表	正确测量机床各项数据	40 分	
3	职业道德规范、安全文明生产、工作纪律及态度	穿工装、绝缘胶鞋进入实训场地；按照指导教师要求和安全操作规范完成任务操作练习	20 分	

➢ 课后习题

简述逻辑测试笔与短路追踪仪的使用方法。

任务 5　认识数控系统的硬件连接

➢ 知识目标

1）数控系统硬件的连接与调整。
2）提高数控机床抗干扰的措施、数控机床的正确接地与屏蔽。

➢ 技能目标

1）能对数控系统硬件进行连接与调整。
2）能排除数控机床的干扰。

➢ 素养目标

1）提升学生的动手实操能力。
2）提升学生分析问题的综合能力。

➢ 必备知识

数控（Computer Numerical Control，简称 CNC）装置由软件和硬件两部分组成。其中，硬件为软件的运行提供了支持环境，硬件有专用计算机数控装置（简称专机数控）和通用个人计算机数控装置（简称 PC 数控）两种。软件如图 1-15 所示。

一、数控系统硬件的连接

数控机床的硬件连接一般由数控系统、机床操作面板、伺服系统、驱动电动机等构成（见图 1-16）。

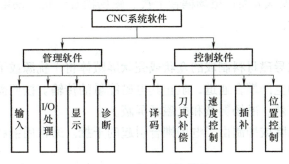

图 1-15 CNC 系统软件

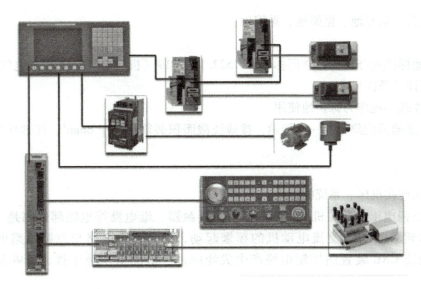

图 1-16 硬件连接

二、克服干扰对数控机床的影响

1. 干扰的定义

干扰一般是指数控系统在工作过程中出现的一些与有用信号无关的,并且对数控系统性能或信号传输有害的电气变化现象。这些有害的电气变化现象使得有用信号的数据发生瞬态变化,增大误差,出现假象,甚至使整个系统出现异常信号而引起故障。例如几毫伏的噪声可能淹没传感器输出的模拟信号,构成严重干扰,影响系统正常运行。对于精密数控机床来说,克服干扰的影响显得尤为重要。

2. 干扰的分类

1) 按干扰性质分类:

① 自然干扰:主要由雷电、太阳异常电磁辐射及来自宇宙的电磁辐射等自然现象形成的干扰。

② 人为干扰:分为有意干扰和无意干扰两种。

③ 固有干扰:主要是电子元器件固有噪声引起的干扰。

2）按干扰的耦合模式分类：电场耦合干扰、磁场耦合干扰、漏电耦合干扰、共阻抗感应干扰和电磁辐射干扰。

3. 屏蔽

屏蔽是利用导电或导磁材料制成的盒状或壳状屏蔽体将干扰源或干扰对象包围起来，从而割断或削弱干扰场的空间耦合通道，阻止其电磁能量的传输。按照需要屏蔽的干扰场性质的不同，可分为电场屏蔽、磁场屏蔽和电磁场屏蔽。

电场屏蔽是为了消除或抑制由于电场耦合引起的干扰。通常用铜和铝等导电性能良好的金属材料制作屏蔽体。

磁场屏蔽是为了消除或抑制由于磁场耦合引起的干扰。

4. 接地

接地包括：信号地、框架地、系统地。

注意：

1）接地标准及办法需遵守国标 GB/T 522.1—2019《机械电气安全 机械电气设备 第 1 部分：通用技术条件》。

2）中性线不能作为保护地使用。

3）PE 接地只能集中在一点接地，接地线截面积必须不小于 $6mm^2$，接地线严格禁止出现环绕。

5. 预防措施的应用

1）正确连接机床、系统的地线。

2）防止强电干扰数控机床。强电柜内的接触器、继电器等电磁部件都是干扰源，交流接触器的频繁通/断、交流电动机的频繁起动、停止，主电路与控制电路的布线不合理，都可能使 CNC 装置的控制电路产生尖峰脉冲、浪涌电压等干扰，影响系统的正常工作。

对电磁干扰必须采取以下措施，予以消除。

① 在交流接触器线圈的两端、交流电动机的三相输出端上并联 *RC* 吸收器。

② 在直流接触器或直流电磁阀的线圈两端，加入续流二极管。

③ CNC 装置的输入电源线间加入浪涌吸收器与滤波器。

④ 伺服电动机的三相电枢线采用屏蔽线。

通过采取以上措施一般可有效抑制干扰，但要注意的是：抗干扰器件应尽可能靠近干扰源，其连接线的长度原则上不应大于 20cm。

3）抑制或减小供电线路的干扰。在某些电力不足或频率不稳的场合，例如：电压的冲击、欠电压、频率和相位漂移将影响系统的正常工作，应尽可能减小线路上的此类干扰。

防止供电线路干扰的具体措施一般有以下几点：

① 对于电网电压波动较大的地区，应在输入电源上加装电子稳压器。

② 线路的容量必须满足机床对电源容量的要求。

③ 避免数控机床和电火花设备频繁起动，停止的大功率设备共用同一干线。

④ 安装数控机床时应尽可能远离中频炉、高频感应炉等变频设备。

> **任务实施**

一、课前准备

1. 工具、仪表及器材

1）工具：常用电工工具一套。
2）仪表：ZC25—3 型绝缘电阻表（500V、0~500MΩ）、MF47 型万用表或数字式万用表各 1 块。
3）器材：数控车床、加工中心等。

2. 安全措施

1）工装。
2）绝缘胶鞋。

二、实施过程

1）在教师指导下，仔细观察数控系统各接口类型，了解接口功能，再由学生标注数控系统的接口功能（见图 1-17）。

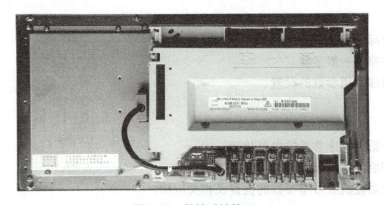

图 1-17　数控系统接口

2）由指导教师随机选取一台设备，学生根据数控系统各模块接口功能进行硬件连接。

3）根据提供的数控系统连接图、数控车床电气原理图，连接数控车床各接口，安装电源部分电路。

4）根据现场设备，分析应采用哪种接地方式？如何正确进行安装和接线？

三、职业素养

1）"7S"是整理、整顿、清扫、清洁、素养、安全和节约，7S 职业素养进课堂、进实训场地。

2）实训课前，准备好电工工具、学习资料，穿工装、绝缘胶鞋列队进入实训场地。

3）实训期间，按照岗位操作标准和安全操作规范进行实训操作练习，节约实训耗材。

4）实训结束，收好工具、仪器仪表，整理实训台，清理现场，做好维修记录。

➢ **任务总结与评价**

序号	项目及技术要求	评分标准	分值	成绩
1	区分机床硬件	准确叙述各硬件的结构及特点	30分	
2	连接各数控机床硬件	准确连接硬件并测试	50分	
3	职业道德规范、安全文明生产、工作纪律及态度	穿工装、绝缘胶鞋进入实训场地；按照指导教师要求和安全操作规范完成任务操作练习	20分	

➢ **课后习题**

数控机床还可以采用哪几种抗干扰措施？

任务6 了解数控机床电气故障的特点

➢ **知识目标**

1）常见故障及其分析方法。
2）故障维修的一般步骤。
3）数控机床常用参数的设置。

➢ **技能目标**

1）能区分数控机床常见的电气故障。
2）可以按照维修步骤分析故障问题。
3）能完成数控机床常用参数的设置及相关应用。

➢ **素养目标**

1）锻炼学生发现问题、分析问题的能力。
2）提升学生动手操作的水平。

➢ **必备知识**

一、常见故障及其分类

1. 按故障发生的部位分类

（1）主机故障　数控机床的主机通常指组成数控机床的机械、润滑、冷却、排屑、液压、气动与防护等部分。主机常见的故障主要有：

① 因机械部件安装、调试、操作使用不当等原因引起的机械传动故障。
② 因导轨、主轴等运动部件的干涉、摩擦过大等原因引起的故障。

③ 因机械零件的损坏、连接不良等原因引起的故障。

（2）电气控制系统故障　从所使用的元器件类型上，根据通常习惯，电气控制系统故障通常分为"弱电"故障和"强电"故障两大类。

2. 按故障的性质分类

（1）确定性故障　确定性故障是指控制系统主机中的硬件损坏或只要满足一定的条件，数控机床必然会发生的故障。

（2）随机性故障　随机性故障是指数控机床在工作过程中偶然发生的故障。

3. 按故障的指示形式分类

（1）有报警显示的故障　数控机床的故障显示可分为指示灯显示报警与显示器显示报警两种情况：

1）指示灯显示报警：这类报警是指通过控制系统各单元上的状态指示灯（一般由 LED 发光管或小型指示灯组成）显示的报警。

2）显示器显示报警：这类报警是指可以通过 CNC 显示器显示出报警号和报警信息的报警。

（2）无报警显示的故障　这类故障发生时，机床与系统均无报警显示，其分析诊断难度通常较大。

4. 按故障产生的原因分类

（1）数控机床自身故障　这类故障的发生是由于数控机床自身的原因所引起的，与外部使用环境条件无关。

（2）数控机床外部故障　这类故障是由于外部原因所造成的。

二、故障分析的基本方法

故障分析是进行数控机床维修的第一步。通过故障分析，一方面可以迅速查明故障原因并排除故障，同时也可以起到预防故障的发生与扩大的作用。

1. 常规分析法

常规分析法是对数控机床的机、电、液等部分进行的常规检查，以此来判断故障发生原因的一种方法。在数控机床上常规分析法通常包括以下内容：

1）检查电源的规格（包括电压、频率、相序、容量等）是否符合要求。
2）检查 CNC 伺服驱动、主轴驱动、电动机、输入/输出信号的连接是否正确、可靠。
3）检查 CNC 伺服驱动等装置内的印制电路板是否安装牢固，接插部位是否有松动。
4）检查 CNC 伺服驱动、主轴驱动等部分的设定端，电位器的设定、调整是否正确。
5）检查液压、气动、润滑部件的油压、气压等是否符合机床要求。
6）检查电器元件、机械部件是否有明显的损坏。

2. 动作分析法

动作分析法是通过观察、监视机床实际动作，判定动作不良部位并由此来追溯故障根源的一种方法。

3. 状态分析法

状态分析法是通过监测执行元件的工作状态，判定故障原因的一种方法，这种方法在数控机床维修过程中使用很广泛。

4. 操作、编程分析法

操作、编程分析法是通过某些特殊的操作或编制专门的测试程序段，以便确认故障原因的一种方法。

5. 系统自诊断法

数控系统的自诊断是利用系统内部自诊断程序或专用的诊断软件，对系统内部的关键硬件以及系统的控制软件进行自我诊断、测试的诊断方法。

三、CNC 的故障自诊断

1. 开机自诊断

所谓开机自诊断是指数控系统通电时，由系统内部诊断程序自动执行的诊断，它类似于计算机的开机诊断。

2. 在线监控

在线监控可以分为 CNC 内部程序监控和通过外部设备监控两种形式。

CNC 内部程序监控是通过系统内部程序，对各部分状态进行自动诊断、检查和监视的一种方法。

数控系统内部程序监控包括接口信号显示、内部状态显示和故障信息显示三方面。

（1）接口信号显示　它可以显示 CNC 与 PLC、CNC 与机床之间的全部接口信号的现行状态。

（2）内部状态显示　一般来说利用内部状态显示功能，可以显示以下几方面的内容：

1）造成循环指令（加工程序）不执行的外部原因。

2）复位状态显示。指示系统是否处于"急停"状态或是"外部复位"信号接通状态。

3）TH 报警状态显示。它可以显示出报警时的纸带错误孔的位置。

4）存储器内容以及磁泡存储器异常状态的显示。

5）位置跟随误差的显示。

6）伺服驱动部分的控制信息显示。

7）编码器、光栅等位置测量元件的输入脉冲显示。

（3）故障信息显示　在数控系统中，故障信息一般以"报警显示"的形式在 CRT 进行显示。

3. 脱机测试

脱机测试又称为"离线诊断"，它是将数控系统与机床脱离后，对数控系统本身进行的测试与检查。

四、电气维修的基本步骤

1. 故障记录

数控机床发生故障时，操作人员应首先使机床停止工作，并保护现场，然后对故障现象进行尽可能详细的记录，并及时通知维修人员。

（1）故障发生时的情况记录

1）发生故障的机床型号，采用的控制系统型号，系统的软件版本号。

2）故障现象，发生故障的部位，以及发生故障时机床与控制系统的现象，如：是否有异常声音、烟、味等。

3）发生故障时系统所处的操作方式，如：AUTO（自动方式）、MDI（手动数据输入方式）、EDIT（编辑）、HANDLE（手轮方式）、JOG（手动方式）等。

4）若故障在自动方式下发生，则应记录发生故障时的加工程序号，出现故障的程序段号，加工时采用的刀具号等。

5）若发生加工精度超差或轮廓误差过大等故障，应记录被加工工件号，并保留不合格工件。

6）在发生故障时，若系统有报警显示，则记录系统的报警显示情况与报警号。

7）记录发生故障时各坐标轴的位置跟随误差的值。

8）记录发生故障时各坐标轴的移动速度、移动方向、主轴转速、转向等。

（2）故障发生的频繁程度记录

1）故障发生的时间与周期。

2）故障发生时的环境情况。

3）若为加工零件时发生的故障，则应记录加工同类工件时发生故障的概率情况。

4）检查故障是否与"进给速度""换刀方式"或是"螺纹切削"等特殊动作有关。

（3）故障的规律性记录

1）在不危及人身安全和设备安全的情况下，是否可以重演故障现象。

2）检查故障是否与机床的外界因素有关。

3）如果故障是在执行某固定程序段时出现，可利用 MDI 方式单独执行该程序段，检查是否还存在同样故障。

4）若机床故障与机床动作有关，在可能的情况下，应检查在手动情况下执行该动作，是否也有同样的故障。

5）机床是否发生过同样的故障。周围的数控机床是否也发生同一故障等。

（4）故障发生时的外界条件记录

1）发生故障时的周围环境温度是否超过允许温度。是否有局部的高温存在。

2）故障发生时，周围是否有强烈的振动源存在。

3）故障发生时，系统是否受到阳光的直射。

4）检查故障发生时，电气柜内是否有切削液、润滑油、水的进入。

5）故障发生时，输入电压是否超过了系统允许的波动范围。

6）故障发生时，车间内或线路上是否有大电流的装置正在进行起动、制动。

7）故障发生时，机床附近是否存在起重机械、高频机械、焊接机或电加工机床等强电磁干扰源。

8）故障发生时，附近是否正在安装修理、调试机床。是否正在修理、调试电气和数控装置。

2. 维修前的检查

（1）机床的工作状况检查

1）检查机床的调整状况，机床工作条件是否符合要求。

2）检查加工时所使用的刀具是否符合要求，切削参数选择是否合理、正确。

3）自动换刀时，坐标轴是否到达了换刀位置。程序中是否设置了刀具偏移量。

4）系统的刀具补偿量等参数设定是否正确。

5）系统坐标轴的间隙补偿量是否正确。

6）系统的设定参数（包括坐标旋转、比例缩放因子、镜像轴、编程尺寸单位选择等）是否正确。

7）机床的工件坐标系位置，"零点偏置值"的设置是否正确。

8）安装是否合理。测量手段、方法是否正确、合理。

9）零件是否存在因温度、加工而产生变形的现象等。

（2）机床运转情况检查

1）在机床自动运转过程中是否改变或调整过操作方式。是否插入了手动操作。

2）机床是否处于正常加工状态。工作台、夹具等装置是否处于正常工作位置。

3）机床操作面板上的按钮、开关位置是否正确。机床是否处于锁住状态。倍率开关是否设定为"0"。

4）机床各操作面板上、数控系统上的"急停"按钮是否处于急停状态。

5）电气柜内的熔断器是否熔断。断路器是否有跳闸。

6）机床操作面板上的方式选择开关位置是否正确。进给保持按钮是否被按下。

（3）机床和系统之间连接情况的检查

1）检查电缆是否有破损，电缆拐弯处是否有破裂、损伤现象。

2）电源线与信号线布置是否合理。电缆连接是否正确、可靠。

3）机床电源进线是否可靠接地。接地线的规格是否符合要求。

4）信号屏蔽线的接地是否正确。端子板上接线是否牢固、可靠。系统接地线是否连接可靠。

5）继电器、电磁铁以及电动机等电磁部件是否装有噪声抑制器等。

（4）CNC装置的外观检查

1）是否在电气柜门打开的状态下运行数控系统。有无切削液或切削粉末进入电气柜内部。空气过滤器清洁状况是否良好。

2）电气柜内部的风扇、热交换器等部件的工作是否正常。

3）电气柜内部系统、驱动器的模块、印制电路板是否有灰尘、金属粉末等污染。

4）在使用纸带阅读机的场合，检查纸带阅读机是否有污物。阅读机上的制动电磁铁动作是否正常。

5）电源单元的熔断器是否熔断。

6）电缆连接器插头是否完全插入拧紧。

7）系统模块、线路板的数量是否齐全。模块、线路板安装是否牢固、可靠。

8）机床操作面板 MDI/CRT 单元上的按钮有无破损，位置是否正确。

9）系统的总线设置，模块的设定端的位置是否正确。

3. 故障诊断的基本方法

数控机床发生故障时，为了进行故障诊断，找出产生故障的根本原因，维修人员应遵循以下两条原则：

1）充分调查故障现场，这是维修人员取得维修第一手材料的重要手段。

2）认真分析故障原因，数控系统虽然有各种报警指示灯或自诊断程序，但不可能诊断出发生故障的确切部位。

对于数控机床发生的大多数故障，总体上说可采用下述几种方法来进行故障诊断：

① 直观法：这是一种最基本、最简单的方法。

② 系统自诊断法：充分利用数控系统的自诊断功能，根据 CRT 上显示的报警信息及各模块上的发光二极管等器件的指示，可判断出故障的大致起因。

③ 参数检查法：数控系统的机床参数是保证机床正常运行的前提条件，它们直接影响着数控机床的性能。

④ 功能测试法：所谓功能测试法是通过功能测试程序，检查机床的实际动作，判别故障的一种方法。

⑤ 部件交换法：所谓部件交换法，就是在故障范围大致确认，并在确认外部条件完全正确的情况下，利用同样的印制电路板、模块、集成电路芯片或元器件替换有疑点部分的方法。

⑥ 测量比较法：数控系统的印制电路板制造时，为了调整和维修的便利通常都设有检测用的测量端子。

⑦ 原理分析法：这是根据数控系统的组成及工作原理，从原理上分析各点的电平和参数，并利用万用表、示波器或逻辑分析仪等仪器对其进行测量、分析和比较，进而对故障进行系统检查的一种方法。

五、数控系统的参数设置

1. 参数的分类

按照数据的形式大致可分为位型和字型。其中位型又分为位型和位轴型，字型又分为字节型、字节轴型、字型、字轴型、双字型和双字轴型。位轴型参数允许参数分别设定给各个控制轴。

2. 参数分类情况显示画面的调出步骤

1）在 MDI 键盘上按 HELP 键。

2）按 PARAM 键就可能看到参数类别画面与参数数据号，可通过翻页键进行查看。

3. NC 状态显示

4. 参数的设定

1）将机床置于 MDI 方式或急停状态。

2）在 MDI 键盘上按 OFFSET SETTING 键。

3）在 MDI 键盘上按光标键，进入参数写入画面。

4）在 MDI 键盘上使参数写入的设定从"0"改为"1"。

5）调出参数画面。

6）进行设定。

> 任务实施

一、课前准备

1. 工具、仪表

1）工具：常用电工工具一套。

2）仪表：常用仪器仪表及使用说明书。

2. 安全措施

1）工装。
2）绝缘胶鞋。

二、实施过程

1）在教师指导下，仔细观察数控机床的故障信息，判断故障发生的部位及原因。
2）由指导教师随机选取一台数控机床，提问该机床的主要故障点及分析思路，学生进行描述。
3）教师讲解数控机床故障的检查方法，学生进行练习。

三、职业素养

1）"7S"是整理、整顿、清扫、清洁、素养、安全和节约，7S职业素养进课堂、进实训场地。
2）实训课前，准备好电工工具、学习资料，穿工装、绝缘胶鞋列队进入实训场地。
3）实训期间，按照岗位操作标准和安全操作规范进行实训操作练习，节约实训耗材。
4）实训结束，收好工具、仪器仪表，整理实训台，清理现场，做好维修记录。

➢ 任务总结与评价

序号	项目及技术要求	评分标准	分值	成绩
1	分析数控机床的故障信息	准确描述故障信息，提供判断依据	30分	
2	实操确定故障位置及原因	能够动手操作，分析机床故障	50分	
3	职业道德规范、安全文明生产、工作纪律及态度	穿工装、绝缘胶鞋进入实训场地；按照指导教师要求和安全操作规范完成任务操作练习	20分	

➢ 课后习题

简述数控机床维修的基本步骤。

项目2
数控编程与操作基础

➤ 学习指南

本项目主要讲授数控编程与操作基础,讲解数控车床、数控铣床及加工中心在编程和加工过程中坐标系建立、工艺分析、基本的编程功能指令等知识点,掌握数控车床、数控铣床、加工中心的程序编制及操作方法。本项目采用编程、操作的一体化教学手段,主要为学生在数控机床故障诊断与维修的技术方面奠定坚实的专业基础。

➤ 内容结构

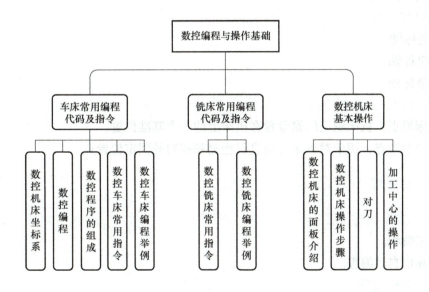

任务1 车床常用编程代码及指令

➤ 知识目标

1) 数控机床坐标系。
2) 数控车床常用指令。

➤ 技能目标

1) 能够建立数控机床、工件的坐标系。

2）能根据图样和指令，完成数控车床加工程序。

> ## 素养目标

1）培养学生分析工件结构的能力。
2）锻炼学生综合运用知识的能力。

> ## 必备知识

一、数控机床坐标系

数控研究人员引入了数学中的坐标系，用数控机床坐标系来描述机床的运动。数控机床的坐标和运动方向均已标准化。

1. 坐标系确定原则
1）刀具相对于静止工件而运动的原则。
2）标准坐标（机床坐标）系的规定。
3）运动方向的规定。

2. 坐标轴的确定
1）Z 坐标轴。
2）X 坐标轴。
3）Y 坐标轴。

3. 机床原点和机床参考点
1）机床原点：机床制造厂家设置在机床上的一个基准位置。
2）机床参考点：用于对机床运动进行检测和控制的固定位置点。

二、数控编程

1. 数控编程的方法
1）手工编程。
2）计算机自动编程。

2. 数控编程的步骤
1）分析零件图样。
2）确定工艺过程。
3）计算加工轨迹尺寸。
4）编写程序单。
5）制作控制介质。
6）程序校验。

三、数控程序的组成

一个完整的程序由程序号、程序内容和程序结束组成。

O0001； ⎫ 程序号
N10 G99 G40 G21； ⎫
N20 T0101；
N30 G00 X100.0 Z100.0； ⎬ 程序内容
N40 M03 S800；
……
N200 G00 X100.0 Z100.0； ⎫
N210 M30； ⎭ 程序结束

四、数控车床常用指令

（1）快速定位指令 G00 该指令命令机床以最快速度运动到下一个目标位置，运动过程中有加速和减速，对运动轨迹没有要求。其指令格式如下：

G00 X（U）__ Z（W）__；

说明：

1）当用绝对值编程时，X、Z 后面的数值是目标位置在工件坐标系的坐标。当用相对值编程时，U、W 后面的数值则是现在点与目标点之间的距离与方向。

2）G00 指令主要用于使刀具快速接近或快速离开零件。

3）机床执行快速运动指令时两轴的合成运动轨迹不一定是直线，一种是同时到达终点，一种是单向移动到达终点。因此在使用 G00 指令时，一定要注意避免刀具和工件及夹具发生碰撞。

4）车削时，快速定位目标点不能选在零件上，一般要离开零件表面 1~5mm。

（2）直线插补指令 G01 该指令命令机床刀具以一定的进给速度从当前所在位置沿直线移动到指令给出的目标位置。其指令格式如下：

G01 X（U） Z（W） F ；

说明：

1）当采用绝对坐标编程时，数控系统在接受 G01 指令后，刀具将移至坐标值为 X、Z 的点上；当采用相对坐标编程时，刀具移至距当前点的距离为 U、W 值的点上。

2）F 是切削进给率或进给速度，单位为 mm/r 或 mm/min，取决于该指令前面程序段的设置。

3）G01 指令用于完成端面、内圆、外圆、槽、倒角、圆锥面等表面的加工。

4）G00 指令与 G01 指令均属同组的模态指令。

（3）刀具半径补偿指令 G41、G42、G40 指令为刀具半径补偿指令。其中，G40 为取消刀具补偿，G41 为刀具左补偿，G42 为刀具右补偿。其指令格式如下：

G40 X（U）__ Z（W）__；
G41 X（U）__ Z（W）__；
G42 X（U）__ Z（W）__；

刀具半径补偿的方法是在加工前，通过机床数控系统的操作面板向系统存储器中输入刀具半径补偿的相关参数：刀尖圆弧半径 R 和刀尖方位 T。当系统执行程序中的半径补偿指令时，数控装置读取存储器中相应刀具号的半径补偿参数，刀具自动沿刀尖方位 T 方向，偏离零件轮廓一个刀尖圆弧半径值 R，刀具按刀尖圆弧圆心轨迹运动，加工出所要求的零件轮廓。

补偿方向：从刀具沿工件表面切削运动方向看，刀具在工件的左边还是在右边，因坐标系变化而不同。

补偿原则：取决于刀尖圆弧中心的动向，它总是与切削表面法向半径矢量不重合。因此，补偿的基准点是刀尖圆弧中心。

说明：

1) G40、G41、G42 只能同 G00/G01 结合编程，不允许同 G02/G03 等其他指令结合编程。

2) 在调用新刀具前必须用 G40 取消补偿。在使用 G40 前，刀具必须已经离开工件加工表面。

3) G40、G41、G42 为模态指令。

4) G41、G42 不能同时使用。

5) 当刀具磨损或刀具重磨后，刀尖圆弧半径变大，只需重新设置刀尖圆弧半径的补偿量，而不必修改程序。

6) 应用刀具半径补偿，可使用同一加工程序，对零件轮廓分别进行粗、精加工。

(4) 简单固定循环指令 G90　该指令为外圆及内孔车削循环指令。其指令格式如下：

G90 X（U）　Z（W）　R　F　；

说明：

1) 使用 G90 指令加工一个轮廓表面时，利用一个程序段完成以下 4 个加工动作：外圆切削循环如图 2-1a 所示、锥面切削循环如图 2-1b 所示、内圆切削循环如图 2-1c 所示，内锥面切削循环如图 2-1d 所示。

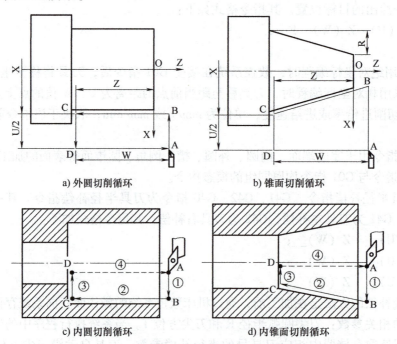

a) 外圆切削循环　　b) 锥面切削循环

c) 内圆切削循环　　d) 内锥面切削循环

图 2-1　G90 指令应用

2）使用 G90 指令时可以采用绝对坐标编程，也可以采用相对坐标编程。当采用绝对坐标编程时，X、Z 为切削终点（C 点）的绝对坐标值；当采用相对坐标编程时，U、W 为切削终点（C 点）相对循环起点（A 点）的增量值。

3）F 是切削进给率或进给速度，单位为 mm/r 或 mm/min，取决于该指令前面程序段的设置。

4）R 为车圆锥时切削起点 B 与终点 C 的半径差值。该值有正负号：若 B 点半径值小于 C 点半径值，R 取负值；反之，R 取正值。车圆柱时 R 为 0，省略不写。轴向切削循环指令运行轨迹的四种形状如图 2-2 所示。

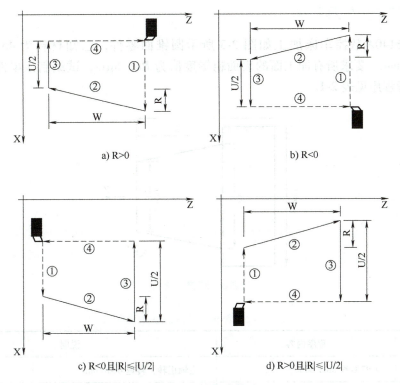

图 2-2 四种指令轨迹

5）G90 指令用于外圆柱面和圆锥面或内孔面和内锥面毛坯余量较大的零件加工。

6）G90 指令及指令中各参数均为模态值，一经指定就一直有效，在完成固定切削循环后，可用另外一个（除 G04 以外的）G 代码（例如 G00）取消其作用。

7）循环起点（A 点）应距离零件端面 1~2mm。

8）在数控车床上利用 G90 指令车削外圆锥可以分为车削正圆锥和车削倒圆锥两种情况，而每一种情况又有两种加工路线。

（5）圆弧插补指令 G02/G03 该指令命令刀具在指定平面内按给定的 F 进给速度作圆弧插补运动，用于加工圆弧轮廓。圆弧插补命令分为顺时针圆弧插补指令 G02 和逆时针圆弧插补指令 G03 两种。

顺时针圆弧插补（G02）的指令格式：

G02 X（U）__ Z（W）__ I __ K __ F __；或 G02 X（U）__ Z（W）__ R __ F __；

逆时针圆弧插补（G03）的指令格式：

G03 X（U） Z（W） I K F ；或 G03 X（U） Z（W） R F ；

说明：

1）使用圆弧插补指令时，可以用绝对坐标编程，也可以用相对坐标编程。
2）圆心位置的指定可以用 R，也可以用 I、K，R 为圆弧半径值。
3）F 为沿圆弧切线方向的进给量或进给速度。
4）当用半径 R 来指定圆心位置时，特规定圆心角 α≤180°时，用"+R"表示；α>180°时，用"−R"。注意：R 编程只适于非整圆的圆弧插补的情况，不适于整圆加工。

五、数控车床编程举例

使用 CK6140A 数控车床加工如图 2-3 所示圆锥面零件，已知材料为 45 钢，毛坯为 φ45mm×1000mm，要求所有加工面的表面粗糙度值为 $Ra1.6\mu m$，试编制该零件粗、精加工程序。其参考程序见表 2-1。

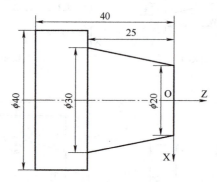

图 2-3　圆锥面零件

表 2-1　零件粗、精加工参考程序

程序段号	程序内容	说明
N10	G97 G99 M03 S600；	主轴正转，转速 600r/min
N20	T0101；	换 01 号刀到位
N30	M08；	打开切削液
N40	G42 G00 X46.0 Z0.5；	建立刀具半径右补偿，快速进刀至循环起点
N50	G90 X40.5 Z-44.0F0.25；	φ40mm 外圆切削循环，设进给量 0.25mm/r
N60	X45.5 Z-25.0R-5.0；	锥面切削循环一次
N70	X40.5；	锥面切削循环二次
N80	X35.5；	锥面切削循环三次
N90	X30.5；	锥面切削循环四次
N100	G00 X0.0S800；	快速进刀至轴线，准备精车端面，设主轴转速 800r/min
N110	G01 Z0.0F0.1；	慢速进刀至端面，设进给量为 0.1mm/r

（续）

程序段号	程序内容	说明
N120	X20.0;	精车端面
N130	X30.0Z-25.0;	精车 φ20mm 外圆至要求尺寸
N140	X40.0;	精车 φ40mm 端面至要求尺寸
N150	Z-44.0;	精车 φ40mm 外圆至要求尺寸
N160	X45.0;	退刀
N170	G40 G01 X46.0;	取消刀具半径补偿
N180	G00 X200.0 Z100.0;	快速退刀，返回换刀点
N190	M09;	关闭切削液
N200	T0303;	换切刀
N210	M08;	打开切削液
N220	G00 X46.0 Z-44.0S300;	快速进刀，准备切断，设主轴转速 300r/min
N230	G01 F0.05 Z0.0;	切断
N240	G00 X200.0 Z100.0;	快速退刀，返回换刀点
N250	M30;	程序结束

> **任务实施**

一、课前准备

1. 零件图样

2. 安全措施

1）工装。

2）绝缘胶鞋。

二、实施过程

1）在教师指导下，对图 2-4 所示零件进行工艺分析，确定加工路线。

2）选择合适的刀具，确定加工用量。

3）编写加工程序。

三、职业素养

1）"7S"是整理、整顿、清扫、清洁、素养、安全和节约，7S 职业素养进课堂、进实训场地。

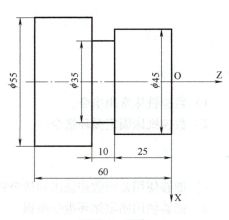

图 2-4 零件

2）实训课前，准备好电工工具、学习资料，穿工装、绝缘胶鞋列队进入实训场地。
3）实训期间，按照岗位操作标准和安全操作规范进行实训操作练习，节约实训耗材。
4）实训结束，收好工具、仪器仪表，整理实训台，清理现场，做好维修记录。

> 任务总结与评价

序号	项目及技术要求	评分标准	分值	成绩
1	加工工艺路线分析	能够分析正确的零件尺寸，确定合适的加工路线	30分	
2	加工参数确定	选择合适的加工刀具及加工参数	30分	
3	编程加工	能够准确编写加工程序	40分	

> 课后习题

如图2-5所示，已知毛坯尺寸为 $\phi60mm \times 150mm$，假设背吃刀量不大于2.5mm，所有加工面的表面粗糙度值为 $Ra1.6\mu m$。使用G90指令编写该图零件的粗、精加工程序，工件坐标系原点以工件右端面为中心。

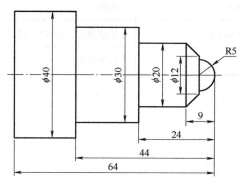

图2-5　零件

任务2　铣床常用编程代码及指令

> 知识目标

1）数控铣床常用指令。
2）数控铣床固定循环指令。

> 技能目标

1）能够使用常用数控铣床的指令并编程。
2）能够使用固定循环指令编程。

素养目标

1）培养学生分析工件结构的能力。
2）锻炼学生综合运用知识的能力。

必备知识

一、数控铣床常用指令

1. 绝对编程指令 G90 和增量编程指令 G91

绝对值编程是根据预先设定的编程原点计算出绝对值坐标尺寸进行编程的一种方法。采用绝对值编程时，首先要指出编程原点的位置。绝对编程指令 G90 编入程序时，其后所有编入的坐标值均以编程原点为基准。

增量值编程是根据前一个位置的坐标值增量来表示位置的一种编程方法，即程序中的终点坐标是相对于起点坐标而言的。增量编程指令 G91 编入程序时，以后所有编入的坐标值均以前一个坐标位置作为起始点来计算运动的位置矢量。

2. 快速定位指令 G00

G00 指令是命令刀具以点定位控制方式从刀具所在点快速运动到目标位置，它是快速定位，没有运动轨迹要求。G00 指令是模态指令，其指令格式如下：

G00 X＿ Y＿ Z＿；

当 X 轴和 Y 轴的快进速度相同时，刀具实际的运动路线有可能不是从起点到终点的一条直线，而是折线，所以，在使用 G00 指令时要注意刀具是否和工件及夹具发生干涉，以免发生意外。

3. 直线插补指令 G01

G01 指令是命令刀具在两坐标间以插补联动方式按指定的 F 进给速度作任意斜率的直线运动。G01 指令是模态指令，其指令格式：

G01 X＿ Y＿ Z＿ F＿；

使用 G01 指令编程，要求刀具从 A 点线性进给到 B 点，如图 2-6 所示。

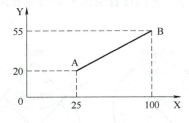

图 2-6 G01 指令编程示例

采用 G90 指令编程：G90 G01 X100.0 Y55.0 F100；
采用 G91 指令编程：G91 G01 X75.0 Y30.0 F100；

4. 圆弧插补指令 G02/G03

G02、G03 使刀具按给定进给速度沿圆弧方向进行切削加工，G02/G03 指令是模态指令，其指令格式如下：

$$G17\begin{Bmatrix}G02\\G03\end{Bmatrix}X\_\_Y\_\_\begin{Bmatrix}I\_\_J\_\_\\R\_\_\end{Bmatrix}F\_\_;$$

$$G18\begin{Bmatrix}G02\\G03\end{Bmatrix}X\_\_Z\_\_\begin{Bmatrix}I\_\_K\_\_\\R\_\_\end{Bmatrix}F\_\_;$$

$$G19\begin{Bmatrix}G02\\G03\end{Bmatrix}Y\_\_Z\_\_\begin{Bmatrix}J\_\_K\_\_\\R\_\_\end{Bmatrix}F\_\_;$$

说明：

1）G02 为顺时针圆弧插补指令，G03 为逆时针圆弧插补指令。X、Y、Z 为圆弧终点的坐标，在 G90 时为圆弧终点在工件坐标系中的坐标；在 G91 时为圆弧终点相对于圆弧起点的位移量。F 为进给速度。

2）第一种格式是用圆心相对于起点的位置进行编程，I、J、K 为圆心相对于圆弧起点的偏移值，即圆心的坐标减去圆弧起点的坐标。I 为圆心相对于起点的坐标在 X 轴上的分量，J 为圆心相对于起点的坐标在 Y 轴上的分量，K 为圆心相对于起点的坐标在 Z 轴上的分量，如图 2-7 所示。

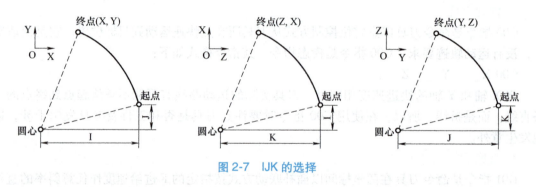

图 2-7 IJK 的选择

3）第二种格式是用圆弧半径 R 进行编程，当圆弧圆心角小于 180°时，R 为正值，否则 R 为负值。

4）G02/G03 指令方向的判别，是从不在圆弧平面的坐标轴正方向往负方向看，顺时针用 G02 指令，逆时针用 G03 指令，它们在各坐标平面内的方向判断如图 2-8 所示。

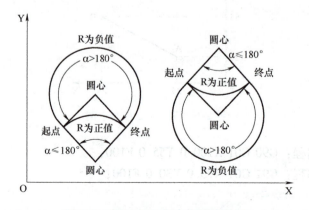

图 2-8 G02/G03 指令方向的判别

5）圆弧插补是按照切削速度进刀的；圆弧插补自动过象限，过象限时自动进行反向间隙补偿。

5. 刀具长度补偿指令 G43、G44、G49

刀具长度补偿功能，是指当使用不同规格的刀具或刀具磨损后，可通过刀具长度补偿指令补偿刀具长度尺寸的变化，而不必修改程序或重新对刀，达到加工要求。刀具长度补偿指令 G43、G44、G49 的指令格式：

G01（G00）G43　Z__　H__；　刀具长度正补偿

G01（G00）G44　Z__　H__；　刀具长度负补偿

G01（G00）G49　Z__；　刀具长度补偿取消

其中 Z 为程序中的指令值；H 为偏置号，H 代码为刀具长度偏移量的存储器地址，H00~H99 共 100 个，偏移量用 MDI 方式输入，偏移量与偏置号一一对应。

6. 刀具半径补偿指令 G41、G42、G40

使用刀具半径补偿功能后，只需按实际的工件轮廓进行编程，数控系统可自动计算刀心的轨迹坐标，使刀具偏离工件轮廓一个半径值，进行半径补偿。刀具半径补偿指令 G41、G42、G40 的指令格式为：

G00（或 G01）　G41　X__　Y__　Z__　D__；　刀具半径左补偿

G00（或 G01）　G42　X__　Y__　Z__　D__；　刀具半径右补偿

G40；　刀具半径补偿取消

二、数控铣床编程举例

用 φ6mm 的铣刀铣削如图 2-9 所示的"X""Y""Z"三个字母，深度为 1mm，已知所用刀具比标准对刀柄短 10mm，试编写加工程序。

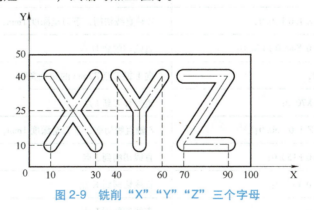

图 2-9　铣削"X""Y""Z"三个字母

加工程序见表 2-2。

表 2-2　加工程序

程序段号	程序	说明
N010	M03 S500；	主轴正转，转速 500r/min
N020	M08；	打开切削液
N030	G90 G54 G00 X0.0 Y0.0 Z100.0；	采用绝对尺寸编程方式，选择第一工件坐标系，迅速到达对刀点上方

（续）

程序段号	程序	说明
N040	G43 H01 G00 Z2.0;	Z轴迅速到达工件坐标系2mm的安全高度的位置，调用刀具长度补偿，H01=10mm
N050	X10.0 Y10.0;	迅速到达切入点A上方
N060	G01 Z-1.0 F50;	Z轴直线切削，下刀至深度1mm，速度50mm/min
N070	X30.0 Y40.0 F150;	直线切削到B点
N080	Z2.0;	向上提刀至Z2mm的安全高度
N090	G00 X10.0;	迅速移刀到C点
N100	G01 Z-1.0 F50.0;	Z轴直线切削，下刀至深度1mm，速度50mm/min
N110	X30.0 Y10.0 F150.0;	直线切削到D点
N120	Z2.0;	向上提刀至Z2mm的安全高度
N130	G00 X40.0 Y40.0;	迅速移刀到E点
N140	G01 Z-1.0 F50.0;	Z轴直线切削，下刀至深度1mm，速度50mm/min
N150	X50.0 Y25.0 F150.0;	直线切削到F点
N160	Y10.0;	直线切削到G点
N170	Z2.0;	向上提刀至Z2mm的安全高度
N180	G00 Y25.0	迅速移刀到F点
N190	G01 Z-1.0 F50.0;	Z轴直线切削，下刀至深度1mm，速度50mm/min
N200	X60.0 Y40.0 F150.0;	直线切削到H点
N210	Z2.0;	向上提刀至Z2mm的安全高度
N220	G00 X70.0;	迅速移刀到I点
N230	G01 Z-1.0 F50.0;	Z轴直线切削，下刀至深度1mm，速度50mm/min
N240	X90.0 F150.0;	直线切削到J点
N250	X70.0 Y10.0;	直线切削到K点
N260	X90.0;	直线切削到L点
N270	Z2.0;	向上提刀至Z2mm的安全高度
N280	G00 X0.0 Y0.0;	迅速到达对刀点上方
N290	G49 G00 Z100.0;	取消刀补，迅速向上提刀至Z100mm的返回高度
N300	M30;	程序结束

任务实施

一、课前准备

1. 零件图样

2. 安全措施

1）工装。

2）绝缘胶鞋。

二、实施过程

1）在教师指导下，对图 2-10 零件体进行工艺分析，确定加工路线。

2）选择合适的刀具，确定加工用量。

3）编程加工。

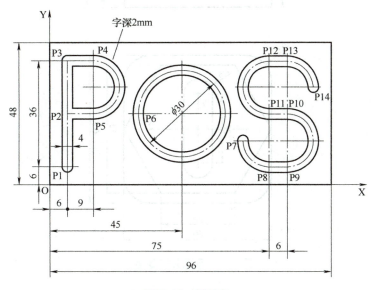

图 2-10 零件体

三、职业素养

1）"7S"是整理、整顿、清扫、清洁、素养、安全和节约，7S 职业素养进课堂、进实训场地。

2）实训课前，准备好电工工具、学习资料，穿工装、绝缘胶鞋列队进入实训场地。

3）实训期间，按照岗位操作标准和安全操作规范进行实训操作练习，节约实训耗材。

4）实训结束，收好工具、仪器仪表，整理实训台，清理现场，做好记录。

任务总结与评价

互评、教师评（表格式）。总结该任务（或项目）的知识点和技能点。

序号	项目及技术要求	评分标准	分值	成绩
1	加工工艺路线分析	能够分析正确的零件尺寸、确定合适的加工路线	30分	
2	加工参数确定	选择合适的加工刀具及加工参数	30分	
3	编程加工	能够准确编写加工程序	40分	

➢ 课后习题

平面外轮廓零件如图 2-11 所示。已知毛坯尺寸为 62mm×62mm×21mm 的长方料,材料为 45 钢,按单件生产安排其数控加工工艺,试编写出凸台外轮廓加工程序。

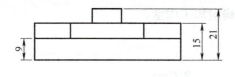

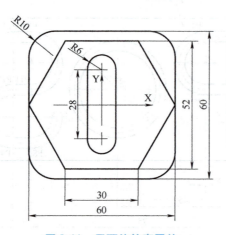

图 2-11 平面外轮廓零件

任务 3 数控机床基本操作

➢ 知识目标

1）数控机床操作面板的内容。
2）加工中心基本操作步骤。

➢ 技能目标

1）能完成数控机床的简单操作。
2）能实现加工中心的换刀和对刀操作。

项目2 数控编程与操作基础

> 素养目标

1)锻炼学生的动手实操能力。
2)提升学生的综合编程水平。

> 必备知识

一、数控机床的面板介绍

1. FANUC Serise OiMB 数控系统操作面板

以 FANUC Serise OiMB 数控铣床的操作系统为例。操作者对机床的操作是通过人机对话界面实现的,数控机床的人机对话界面由 CRT/MDI 数控操作面板(数控系统操作面板)和机床操作面板(机床控制面板)两部分组成。只要采用相同的系统,CRT/MDI 操作面板都是相同的。图 2-12 所示为 FANUC Oi 数控系统操作面板,该面板中各键的名称及用途见表 2-3。

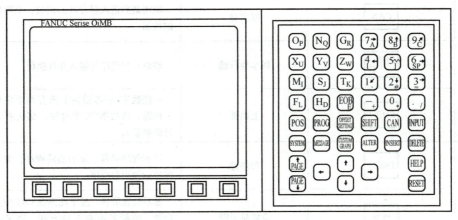

图 2-12 FANUC Serise OiMB 数控系统操作面板

表 2-3 系统操作面板各键的名称及用途

按键	名称	功能
RESET	复位键	CNC 系统复位或取消报警。表现为编辑时返回程序头、加工时停止运动、去除警告信息等
INPUT	输入键	将输入屏幕的数据输入到缓存或存储器。当用于参数、偏置等的输入,还用于 I/O 设备的输入开始,MDI 方式的指令数据的输入。当按下一个字母键或数字键时,再按该键数据被输入到缓冲区,并且显示在屏幕上
←↑↓→	光标移动键	移动 CRT 中的光标位置,实现光标的向下、向上、向右、向左移动

(续)

按键		名称	功能
翻页键	PAGE ↑	向上翻页键	屏幕显示页上翻一页。实现左侧 CRT 显示内容的向上翻动一页
	PAGE ↓	向下翻页键	屏幕显示页下翻一页。实现左侧 CRT 显示内容的向下翻动一页
编辑键	ALTER	替换键	用输入的数据替换光标所在的数据
	DELETE	删除键	删除光标所在的数据，删除一个数控程序或删除全部数控程序
	INSERT	插入键	把输入域之中的数据插入到当前光标之后的位置
	CAN	取消键	取消最后进入缓存区的信息，消除输入域内的数据
	EOB E	回车换行键	结束一行程序的输入并且换行
	SHIFT	上档键	一些数字/字母键的上面有两个字母，先按上档键，再按数字/字母键，那么右下方的字母就被输入
功能键	PROG	程序键	显示程序屏幕。显示当前程序，编辑当前程序或管理当前程序
	POS	位置显示键	显示位置屏幕。按下此键在 CRT 中显示坐标位置，坐标显示有三种方式，用 PAGE 按钮选择
	OFFSET SETTING	偏置键	显示偏置/设置屏幕。按下此键 CRT 将进入参数补偿显示界面，可显示刀具偏置或工件坐标偏置/设置
	SYSTEM	系统键	显示系统屏幕。按下此键可显示系统参数屏幕
	MESSAGE	信息键	显示信息屏幕。按下此键可显示警告信息屏幕
	CUSTOM GRAPH	图形显示键	显示用户程序屏幕/图形屏幕。有图形模拟功能的系统，在自动运行状态下按下此键可显示切削路径模拟图形
	HELP	帮助键	手动输入帮助键。显示帮助信息

（续）

按键		名称	功能
功能键	OP N Q G R 7 A 8 B 9 C X U Y V Z W 4 [5] 6 SP M I S J T K 1 , 2 # 3 = F L H D EOB E - + 0 * . /	地址/数字键	实现字母、数字等文字的输入
◄ □ □ □ □ □ ►		软键	软键功能在 CRT 画面的最下方显示，可根据用途提供软键的各种功能 左端的软键◄：由软键输入各种功能时，为最初状态（按功能按钮时的状态）而使用 右端的软键►：用于本画面未显示完的功能

2. FANUC 0i 系统机床操作面板

FANUC 0i 系统的机床操作面板中各键的名称及用途见表 2-4。

表 2-4　机床操作面板各键的名称及用途

按键	名称	功能
自动	自动方式键 AUTO	此按钮被按下后，系统进入自动加工模式
编辑	编辑方式键 EDIT	此按钮被按下后，系统进入程序编辑状态，用于直接通过操作面板输入数控程序和编辑程序
MDI	手动数据输入键 MDI	此按钮被按下后，系统进入 MDI 模式，手动输入并执行指令
DNC	文件传输键 DNC	DNC 位置用 232 电缆线连接 PC 机和数控机床，选择数控程序文件传输
回零	机床回参考点方式选择键 REF	选择机床回参考点方式。机床必须首先执行回参考点操作，然后才可以运行
JOG	手动方式选择键 JOG	选择手动方式，手动连续移动工作台或者刀具
INC	增量方式选择键 INC	选择增量方式，增量进给，可用于步进或者微调
手摇	手轮操作方式选择键 HNDL	选择手轮方式移动工作台或刀具
单段	单段执行键 SINGL	按下此键，灯亮，每次执行一个程序段
跳选	程序段跳键	按下此键，灯亮，当程序在自动方式下运行时，跳过程序段开头带有“/”程序段
停止	进给保持键	在程序运行过程中，按下此按钮运行暂停。按“循环启动”恢复运行

（续）

按键	名称	功能
启动	循环启动键	按下此键，灯亮，程序运行开始。系统处于"自动运行"或"MDI"位置时按下有效，其余模式下使用无效
锁住	程序锁开关键	按下此键，灯亮，机床各轴被锁住，只能运行程序；再一次按下此键，指示灯灭，取消该功能
空运转	空运行键	按下此键，灯亮，加快程序执行速度，主要用于模拟时进给锁定状态
正转	主轴正转键	在JOG方式下，按下此键，主轴正转启动
停止	主轴停止键	在JOG方式下，按下此键，主轴停止转动
反转	主轴反转键	在JOG方式下，按下此键，主轴反转启动
X	X轴方向手动进给键	手动移动机床各轴按钮
Y	Y轴方向手动进给键	
Z	Z轴方向手动进给键	
+	正方向进给键	
∿	快速进给键	
−	负方向进给键	
×1	选择手动移动距离键	选择移动机床轴时，每一步的距离：×1为0.001mm
×10		选择移动机床轴时，每一步的距离：×10为0.01mm
×100		选择移动机床轴时，每一步的距离：×100为0.1mm
进给速度倍率	进给速度倍率旋钮	在手动及程序执行状态时，调整各进给轴运动速度的倍率，调节范围从0~120%

(续)

按键	名称	功能
主轴倍率	主轴转速倍率开关	在手动及程序执行状态时，调节主轴转速的倍率，调节范围从 50%~120%
紧急停止	紧急停止按钮	按下急停按钮，使机床移动立即停止，并且所有的输出如主轴的转动等都会关闭，此键用于在突发情况下关停机床
手轮	手摇脉冲发生器（手轮）	选择进给轴 X、Y、Z，由手轮轴倍率旋钮调节各刻度移动量的脉冲数，旋转手轮（顺时针旋转，各坐标轴正向移动；逆时针旋转，各坐标轴负向移动），完成机床各坐标轴的移动

二、数控机床操作步骤

1. 手动回机床原点（参考点）

按机械回零按钮回零，使机械回零指示灯亮，机床回到以机械原点为基准的机床坐标系，屏幕上显示 X、Y、Z 三轴的坐标值。

先回+Z 轴方向，按下+Z 键，使工作台移动，当 Z 轴的回零指示灯亮后，则可松手。对于某轴坐标值大于-20，按手轮方式按钮手轮，使手轮方式指示灯亮，通过手摇"脉冲手轮"使其轴坐标值小于-20 后，再按机械回零按钮回零。

可依次回+Y 轴和+X 轴方向。

三轴回零后，屏幕当前所显示 X、Y、Z 轴机械坐标值为（0，0，0）。

2. 工作台的手动调整

（1）粗调 在操作面板中按下按钮 JOG 切换到手动模式 JOG 上。先选择要移动的轴，再按轴移动方向按钮，则刀具主轴相对于工作台向相应的方向连续移动。移动速度受快速倍率旋钮的控制，移动距离受按压轴方向选择钮的时间的控制，即按即动，即松即停。采用该方式无法进行精确的尺寸调整，当移动量较大时可采用此方法。

（2）微调 需要微调机床时，可用手轮方式调节机床。微调时需使用手轮来进行操作。在操作面板中按下按钮手轮切换到手轮模式上。再在手轮中选择移动轴和进给增量，按"逆正顺负"方向旋动手轮手柄，则刀具主轴相对于工作台向相应的方向移动，移动距离视进给增量档值和手轮刻度而定，手轮旋转 360°，相当于 100 个刻度的对应值。

3. MDI 程序运行

所谓 MDI 方式是指临时从数控面板上输入一个或几个程序段的指令并立即实施的运行方式。其基本操作方法如下：

1）按下操作面板中 MDI 按键，选择 MDI 运行方式。

2）在 MDI 键盘上按 PROG 键功能，进入编辑页面。

3）在输入缓冲区输入一段程序指令，并以分号（EOB）结束；然后，按"INSERT"键，程序内容即被加到编号为 O0000 的程序中。本系统中 MDI 方式可输入执行最多 6 行程序指令，而且在 MDI 程序指令中可调用已经存储的子程序或宏程序。MDI 程序在运行前可进行编辑和修改，但不能存储，运行完后程序内容即被清空。若用 M99 作结束，则可重新运行该 MDI 程序。

4）程序输入完成后，按"RESET"键，光标回到程序开始处；按启动键，即可实施 MDI 运行方式。若光标处于某程序行行首时，按了启动键，则程序将从当前光标所在行开始执行。

4. 程序输入与上机调试

（1）程序的检索和整理

1）将手动操作面板上的工作方式开关置于编辑或自动档，按数控面板上的"PROG"键将显示程序画面。

2）输入地址"O"和要检索的程序号，再按"O SRH"软键，检索到的程序号显示在屏幕的右上角。若没有找到该程序，即产生"071"的报警。再按"O SRH"软键，即检索下一个程序。在自动运行方式的程序屏幕下，按"▶"软键，按"FL. SDL"软键，再按目录（DIR）软键，即可列出当前存储器内已存的所有程序。

3）若要浏览某一编号程序（如 O0001）的内容，可先键入该程序番号如"O0001"后，再按向下的光标键即可。若如此操作产生"071"的报警，则表示该程序编号为空，还没有被使用。

4）由于受存储器的容量限制，当存储的程序量达到某一程度时，必须删除一些已经加工过而不再需要的程序，以腾出足够的空间来装入新的加工程序；否则，将会在进行程序输入的中途就产生"070"的存储空间不够的报警。删除某一程序的方法是：在确保某一程序如"O0002"已不再需要保留的情况下，先键入该程序编号"O0002"后，再按"DELETE"键即可。注意：若键入"O0010，O0020"后按"DELETE"键，则将删除程序号从 O0010 到 O0020 之间的程序。若键入"0～9999"后按"DELETE"键，则将删除已存储的所有程序，因此应小心使用。

（2）程序输入与修改

1）先根据程序编号检索的结果，选定某一个还没有被使用的程序番号作为待输入程序编号（如 O0012）。键入该编号 O0012 后，按"INSERT"键，则该程序编号就自动出现在程序显示区，具体的程序行就可在其后输入。

2）将上述编程实例的程序顺次输入到机床数控装置中，每输完一个程序段，按"IN-SERT"键确定。键入程序的各个程序段内容，直至输完整个程序，可通过 CRT 监控显示该程序。注意每一程序段（行）间应用 EOB 键分隔。

（3）调入已有的程序 若要调入先前已存储在存储器内的程序进行编辑修改或运行，可先按下编辑键，再按"PROG"键出现程序画面。然后按下软键"DIR+"，查看系统中有哪些程序。最后键入地址键 O，再输入想调用的程序号，按软键检索，则显示器显示找到的程序，并可将该番号的程序作为当前加工程序。

（4）从计算机、软盘或纸带中输入程序 在计算机中，用通信软件设置好传送端口及波特速率等参数，连接好通信电缆，将欲输入的程序文件调入并做好输出准备，置机床端为"编辑"方式，按"PROG"功能键，再按下操作软键，按▶软键，输入欲存入的程序编号，如"O0013"；然后，再按"READ"和"EXEC"软键，程序即被读入存储器内，同时在 CRT 上显示出来。如果不指定程序号，就会使用计算机、软盘或纸带中原有的程序编号；如果机床存储器已有对应编号的程序，将出现"073"的报警。

(5) 程序的编辑与修改

1) 采用手工输入和修改程序时,所键入的地址数字等字符首先存放在键盘缓冲区内。此时,若要修改可用"CAN"键来进行擦除重输。当一行程序数据输入无误后,可按"INSERT"键或 ALTER 键以插入或改写的方式从缓冲区送到程序显示区。

2) 若要修改局部程序,可移动光标至要修改处,再输入程序字,按"ALTER"键则将光标处的内容改为新输入的内容;按"INSERT"键则将新内容插入至光标所在程序字的后面。若要删除某一程序字,则可移动光标至该程序字上再按"DELETE"键。

3) 若要删除某一程序行,可移动光标至该程序行的开始处,再按";"+"DELETE"键;若按"Nxxxx"+"DELETE"键,则将删除多个程序段。

5. 程序的空运行调试

将机床主轴沿 Z 轴正向抬高一个高度,再将光标移至主程序开始处,或在编辑方式下按"RESET"键使光标复位到程序头部,然后置工作方式为自动方式,按下手动操作面板上的空运转开关至灯亮后,再按启动键,机床即开始以快进速度执行程序,由数控装置进行运算后送到伺服机构驱动机械工作台实施移动。空运行时,将无视程序中的进给速度而以快进的速度移动,并可通过"快速倍率"旋钮来调整。有图形监控功能时,若需要观察图形轨迹,可按数控操作面板上的"GRAPH"功能键切换到图形显示画页。

6. 正常加工运行

当程序调试运行通过,工件装夹、对刀操作等准备工作完成后,即可开始正常加工。正常加工的操作方法和空运行类似,只是应先按压空运转按键至灯灭,以退出空运行状态。按启动键开始加工运行,按停止键即处于暂停状态,再按启动键即可继续加工运行。

三、对刀

1. 确定对刀点和换刀点

对刀点的选择原则如下:

1) 所选择的对刀点应使程序编制简单。
2) 对刀点应选择在容易找正、便于确定零件加工原点的位置。
3) 对刀点应选择在加工时检验方便、可靠的位置。
4) 对刀点的选择应有利于提高加工精度。

2. 利用机外对刀仪进行 X、Y、Z 向对刀

1) 使用前要用标准对刀心轴进行校准。每台对刀仪都随机带有一件标准的对刀心轴,每次使用前要对 Z 轴和 X 轴尺寸进行校准和标定。

2) 使用标准对刀心轴从参考点移动到工件零点时,读取机床坐标系下的 X、Y、Z 坐标,把 X、Y 值输入到工件坐标系参数 G54 中,把 Z 值叠加心轴长度后,输入到参数 G54 中。

3) 其他刀具在对刀仪上测量的刀具长度值,应补偿到对应的刀具长度补偿号中。

3. 利用试切法进行 X、Y 向对刀

1) 将所用铣刀安装到主轴上。
2) 按下"MDI"键,输入一个转速,按下启动键,使主轴中速旋转。
3) 按下手轮键。手摇"脉冲手轮"移动铣刀沿 X(或 Y)方向靠近被测边,直到铣刀刀刃轻微接触到工件表面,听到刀刃与工件表面的摩擦声但没有切屑。

4）保持 X、Y 坐标不变，将铣刀沿+Z 向退离工件。

5）在 X（或 Y）方向上，按 X（或 Y）键，再按软键起动，使坐标在 X（或 Y）方向上置零，并沿 X（或 Y）移动刀具半径的距离。

6）此时机床坐标的 X（或 Y）值输入系统偏置寄存器中，该值就是被测边的 X（或 Y）坐标。

7）沿 Y（或 X）方向重复以上的操作，可得被测边的 Y（或 X）坐标。

8）Z 轴方向对刀是将刀具底刃轻触工件上表面，记下 Z 轴坐标值。

9）将机械坐标系值输入到工件坐标系中，确定工件坐标系。首先按 MDI 面板功能键，按软键工件坐标系；然后移动光标到需要改变的坐标，选择工件坐标系 G54~G59；最后将上面所确定的中心点机械坐标值键入对应的 X、Y、Z 中，按"INPUT"键输入。

4. 采用杠杆百分表（或千分表）进行 X、Y 向对刀

1）用磁性表座将杠杆百分表粘在机床主轴端面上。

2）利用手动输入"M03 S100"指令，使主轴低速旋转。

3）手动操作使旋转的表头依 X、Y、Z 的顺序逐渐靠近被测表面。

4）移动 Z 轴，将表头压在被测表面约 0.1mm。

5）逐步降低手动脉冲发生器的移动量，使表头旋转一周时，其指针的跳动量在允许的对刀误差内，如 0.02mm，此时可认为主轴的旋转中心与被测孔的中心重合。

6）记下此时机床坐标系中的 X、Y 坐标值。

5. 对刀过程中的注意事项

1）根据加工要求采用正确的对刀工具，控制对刀误差。

2）在对刀过程中，可通过改变微调进给量来提高对刀精度。

3）对刀时需小心谨慎操作，尤其要注意移动方向，避免发生碰撞危险。

4）对刀数据一定要存入与程序对应的存储地址，防止因调用错误而产生严重后果。

6. 刀具补偿设置

（1）刀具半径补偿的输入

1）按下偏置键"OFFSET/SETTING"。

2）按"补正"键，显示所需要的页面。

3）使光标移向需要变更的偏置号位置，在 D（形状）这一列。

4）由数据输入键输入补偿量。

5）按输入键"INPUT"，确认并显示补偿值。

（2）刀具长度补偿值的输入

1）按下偏置键"OFFSET/SETTING"。

2）按"补正"键，显示所需要的页面。

3）使光标移向需要变更的偏置号位置，在 H（形状）这一列。

4）由数据输入键输入补偿量。

5）按输入键"INPUT"，确认并显示补偿值。

四、加工中心的操作

1. 自动换刀装置

（1）自动换刀装置的形式　自动换刀装置的结构取决于机床的类型、工艺、范围及刀具的种类和数量等。根据组成结构,自动换刀装置可分为回转刀架式、转塔式、带刀库式三种形式。

(2) 刀库的形式 刀库是用来储存加工刀具及辅助工具的,是自动换刀装置中最主要的部件之一。刀库的形式很多,结构各异。常见的刀库形式有:直线刀库、圆盘刀库、链式刀库和其他刀库。

2. 自动换刀过程

(1) 顺序选刀方式 将加工所需要的刀具按照预先确定的加工顺序依次安装在刀座中。换刀时,刀库按顺序转位。这种方式的控制及刀库运动相当比较简单,但刀库中刀具排列的顺序不能错。

(2) 任选方式 对刀具或刀座进行编码,并根据编码选择刀具。它可分为刀具编码和刀座编码两种方式。刀具编码方式是利用安装在刀柄上的编码元件预先对刀具编码后,再将刀具放在刀座中;换刀时,通过编码识别装置根据刀具编码选择刀具。刀座编码方式是预先对刀库中的刀座进行编码,并将与刀座编码相对应的刀具放入指定的刀座中;换刀时,根据刀座编码选择刀具,使用过的刀具也必须放回原来的刀座中。

3. 刀具长度补偿的确定

(1) 机内设置

1) 将所有刀具放入刀库中,利用 Z 向设定器确定每把刀具到工件坐标系 Z 向零点的距离,如图 2-13 所示的 A、B、C,并记录下来。

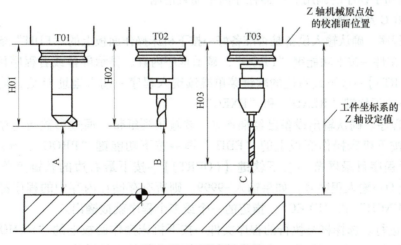

图 2-13 刀具长度补偿

2) 选择其中一把最长(或最短)、与工件距离最小(或最大)的刀具作为基准刀,如图 2-13 中的 T03(或 T01),将其对刀值 C(或 A)作为工件坐标系的 Z 值,此时 H03=0。

3) 确定其他刀具相对基准刀的长度补偿值,即 H01 = ±|C-A|,H02 = ±|C-B|,正负号由程序中的 G43 或 G44 来确定。

4) 将获得的刀具长度补偿值所对应的刀具和刀具号输入到机床中。

(2) 机外刀具预调结合机上对刀 这种方法是先在机床外利用刀具预调仪精确测量每把在刀柄上装夹好的刀具的轴向和径向尺寸,确定每把刀具的长度补偿值,然后在机床上用其中最长或最短的一把刀具进行 Z 向对刀，确定工件坐标系。这种方法对刀精度和效率高，便于工艺文件的编写及生产组织。

4. 刀具识别方法

（1）刀座编码　在安装刀具之前，首先对刀库进行重整设定，设定完后，就变成了刀具号和刀座号一致的情况，此时一号刀座对应的就是一号刀具。经过换刀之后，一号刀具并不一定放到一号刀座中，此时数控系统自动记忆一号刀具放到了几号刀座中，数控系统采用循环记忆的方式。

（2）刀柄编号　将刀具号首先与刀柄号对应起来，把刀具安装在刀柄上，再装入刀库，在刀库上有刀柄感应器，当需要的刀具从刀库中转到装有感应器的位置时，被感应到后，从刀库中调出交换到主轴上。

5. 加工中心编程

（1）加工中心程序的编制特点

1）仔细地对图样进行分析，确定合理的工艺路线。

2）刀具的尺寸规格要选好，并将测出的实际尺寸填入刀具卡。

3）确定合理的切削用量，主要是主轴转速、背吃刀量、进给速度等。

4）应留有足够的自动换刀空间，以避免与工件或夹具碰撞。换刀位置建议设置在机床原点。

5）为便于检查和调试程序，可将各工步的加工内容安排到不同的子程序中，而主程序主要完成换刀和子程序的调用。这样程序简单而且清晰。

（2）FANUC 系统通信

1）输入程序。确认输入设备是否准备好→按下机床操作面板上的"EDIT"键→使用软盘时查找必要的文件→按下功能键"PROG"，显示程序内容、显示屏幕或者程序目录屏幕→按下软键【（OPRT）】→按下最右边的软键菜单继续键入程序→输入地址 O 后，输入赋值给程序的程序号→按下软键"READ"和"EXEC"。

2）输出程序。确认输出设备已经准备好→要输出到纸带，通过参数指定穿孔代码类别 ISO 或 EIA→按下机床操作面板上的"EDIT"键→按下功能键"PROG"，显示程序内容、显示屏幕或者程序目录屏幕→按下软键【（OPRT）】→按下最右边的软键菜单继续键入程序→输入地址 O→输入程序号，如果输入-9999，则所有存储在内存中的程序都将被输出→按下软键"PUNCH"和"EXEC"，指定的一个或多个程序就被输出。

3）DNC 运行。选择将要执行的程序文件→按下机床操作面板上的"REMOTE"键，开关设置为 RMT 方式，然后按下"循环启动"按钮，选择的文件被执行。

▶ 任务实施

一、课前准备

1. 数控机床或数控仿真软件

2. 安全措施

1）工装。

2）绝缘胶鞋。

二、实施过程

1）在教师指导下，使用数控机床 MDI 进行对刀练习。

2）运行 MDI 功能，按下操作面板中的"MDI"按键，选择 MDI 运行方式；在 MDI 键盘上按"PROG"键功能，进入编辑页面。

3）在输入缓冲区输入一段程序指令，并以分号（EOB）结束；然后，按下"INSERT"键，程序内容即被加到编号为 O0000 的程序中。程序输入完成后，按下"RESET"键，光标回到程序头；按下启动键，即可实施 MDI 运行方式。

4）对主轴进行旋转与停止操作。开机后回零（返回参考点）；选择 MDI 工作方式，按下程序 PROG 键，输入"M03 S500"，按下"INSERT"键，再按循环启动键，主轴即可启动；按复位"RESET"键主轴停止旋转。选择手动连续运行方式（JOG）或步进方式（INC）或手轮操作方式（Handle），主轴旋转按键即可正常工作。

5）确定对刀点和换刀点。对刀点应使程序编制简单，容易找正、便于确定零件加工原点的位置。

6）使用 MDI 功能，编写程序将刀具移动到对刀点。

三、职业素养

1）"7S"是整理、整顿、清扫、清洁、素养、安全和节约，7S 职业素养进课堂、进实训场地。

2）实训课前，准备好电工工具、学习资料，穿工装、绝缘胶鞋列队进入实训场地。

3）实训期间，按照岗位操作标准和安全操作规范进行实训操作练习，节约实训耗材。

4）实训结束，收好工具、仪器仪表，整理实训台，清理现场，做好记录。

> **任务总结与评价**

序号	项目及技术要求	评分标准	分值	成绩
1	开机并找到 MDI 运行方式	正确开机并准确调出 MDI 方式	25 分	
2	启动 MDI 运行方式	能够进行操作实施 MDI	20 分	
3	使用 MDI 完成对刀	正确编程，准确对刀	55 分	

> **课后习题**

简述使用 MDI 方式对刀的步骤。

项目3
数控机床PLC的故障诊断与维修

> 学习指南

数控机床用可编程序控制器（PLC）完成各种执行机构的逻辑顺序控制，即实现数控机床的辅助功能、主轴转速功能、刀具功能的译码和控制等，是数控系统的重要组成部分。作为数控机床电气故障维修人员，要掌握维修数控机床 PLC 常见故障的技能，首先就要认识数控系统中的 PLC，掌握数控系统中与 PLC 相关界面的操作。本项目将以 FANUC 系统为例，介绍数控机床 PLC 的相关知识、发那科数控系统 PMC、发那科数控系统 I/O 硬件的连接；完成发那科数控系统 I/O 地址设置、PMC 画面操作和设定、发那科数控系统 PMC 典型故障分析，为检修数控机床电气故障打下基础。

> 内容结构

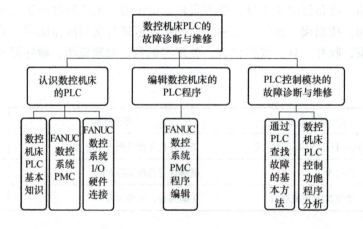

任务1　认识数控机床的 PLC

> 知识目标

1) 了解数控机床 PMC 的形式。
2) 掌握数控机床 PMC 的信息交换。
3) 掌握数控机床 PMC 的地址分配。

> **技能目标**

1）会对数控机床 PMC 进行硬件连接。
2）会进行数控机床 PMC 画面的基本操作。

> **素养目标**

1）培养学生按 7S（整理、整顿、清扫、清洁、素养、安全、节约）标准工作的良好习惯。
2）培养学生具备善于观察，主动学习，能够分析问题、解决问题的能力。

> **必备知识**

一、数控机床 PLC 基本知识

1. 数控机床 PLC 的形式

数控机床常用的 PLC 主要有两类：一类是专门为机床应用而设计制造的内装型 PLC（统称为 PMC）；另一类是独立型 PLC（通用型 PLC），其输入/输出信号接口技术规范、输入/输出点数、程序存储容量以及运算和控制功能等均满足数控机床控制的要求。

（1）内装型 PLC　内装型 PLC 从属于 CNC 装置，PLC 硬件电路可与 CNC 装置其他电路制作在同一块印制板上，也可以制作成独立的电路板。PLC 与 CNC 之间的信号传递在 CNC 装置内部完成。PLC 与机床侧（MT）的信号传递则通过 PLC 的输入输出接口来实现，其连接如图 3-1 所示。此系统硬件和软件整体结构十分紧凑；可与 CNC 公用 CPU，也可以单独使用 CPU，不单独配置 I/O 接口，而使用系统本身的 I/O 接口；采用内装型 PLC 的数控系统可以具备某些高级的控制功能，如梯形图编辑和传送功能等。

目前，CNC 厂家在其生产的 CNC 产品中，大多数都采用内装型 PLC，使其结构更加紧凑。

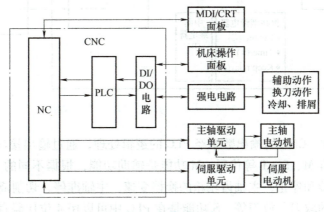

图 3-1　内装型 PLC

（2）独立型 PLC　图 3-2 所示是采用独立型 PLC 的数控机床系统框图。

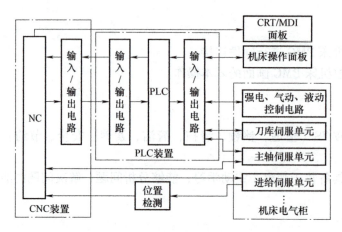

图 3-2　采用独立型 PLC 的数控机床系统框图

独立型 PLC 又称为通用型 PLC，它独立于 CNC 装置，大多数采用模块化结构，输入/输出点数可以通过输入/输出模块的增减灵活配置，具有完备的硬件和软件功能，能独立完成规定的控制任务。

2. PLC 与数控装置、机床侧之间的信息交换

PLC 作为 CNC 与机床（MT）之间的信号转换电路，既要与 CNC 进行信号转换，又要与机床侧外围开关进行信号交换。图 3-3 所示为 CNC、PMC 与外围电路的信号关系。

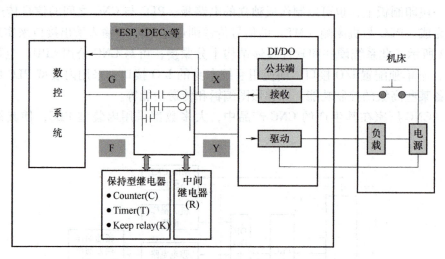

图 3-3　CNC、PMC 与外围电路的信号关系

（1）PLC 到 MT　CNC 的输出数据经 PLC 的逻辑处理，通过输出接口送至 MT 侧。CNC 到机床的主要信号有 M、S、T 等代码。M 功能是辅助功能，根据不同的 M 代码，PLC 可控制主轴的正转、反转和停止，主轴齿轮箱的换档变速，主轴准停，切削液的开关，卡盘的加紧、松开，机械手的取刀、放刀等；S 功能是在 PLC 中可以用 4 位代码直接指定转速；T 功能是数控机床通过 PLC 管理刀库，进行自动换刀。

（2）MT 到 PLC　从机床侧输入的开关量信号通过输入接口输入到 PLC 逻辑控制器处理

后送到 CNC 装置中。机床侧传给 PLC 的信号主要是机床操作面板上的各种开关、按钮及检测信号等信息。大多数信号的含义及所配置的输入地址，均可由 PLC 程序编制者或者是程序使用者自行定义。数控机床生产厂家可以方便地根据机床的功能和配置，对 PLC 程序和地址分配进行修改。

（3）CNC 至 PLC　CNC 送至 PLC 的信息可由 CNC 直接送入 PLC 的寄存器中，所有 CNC 送至 PLC 的信号含义和地址（开关量地址或寄存器地址）均由 CNC 厂家确定，PLC 编程者只可使用而不可改变和增删。如数控指令的 M、S、T 功能，通过 CNC 译码后直接送入 PLC 相应的寄存器中。

（4）PLC 至 CNC　PLC 送至 CNC 的信息也由开关量信号或寄存器完成，所有 PLC 送至 CNC 的信号地址与含义由 CNC 厂家确定，PLC 编程者只可使用，不可改变和增删。

3. 数控机床 PLC 的基本控制功能

数控机床的 PLC 通常具有如下控制功能：

（1）机床操作面板控制　将机床控制面板上的控制信号直接输入 PLC，以控制数控机床的运动。

（2）机床外部开关量的输入信号控制　将机床侧的开关信号送入 PLC，经过逻辑运算后，输出给控制对象。这些开关量包括控制开关、行程开关、接近开关、压力开关、流量开关和温控开关等。

（3）输出信号控制　PLC 的输出信号经强电控制部分的继电器、接触器，通过机床侧的液压或气动电磁阀，对刀塔、机械手、分度装置和回转工作台等装置进行控制，另外还对冷却泵电动机、润滑泵电动机等动力装置进行控制。

（4）伺服控制　对主轴和伺服进给驱动装置的使能条件进行逻辑判断，确保伺服装置的安全工作。

（5）故障诊断处理　PLC 收集强电部分、机床侧和伺服驱动装置的反馈信号，检测出故障后将报警标志区的相应报警标志位置位，数控系统根据被置位的标志位显示报警号和报警信息，以便于进行故障诊断。

4. PMC 数据类型

PMC 的数据形式分为二进制形式、BCD 码形式和位型三种。

CNC 和 PMC 之间的接口信号为二进制形式。一般来说，PMC 数据也采用二进制形式。

5. 程序级别和输入/输出信号处理

第 1 级：程序的开头到 END1 命令之间为第 1 级程序，系统每 4/8ms 执行一次。主要是处理急停、跳转、超程等信号。

第 2 级：END1 命令之后，END2 命令之前的顺序程序为第 2 级程序。第 2 级程序通常包括机床操作面板、ATC（自动换刀装置）程序等。

第 3 级：END2 命令和 END3 命令之间的程序为第 3 级程序。第 3 级程序主要处理低速响应信号，如图 3-4 所示。

注意：在第 2 级程序之后，通常附加若干个子程序。子程序以符号 SP 开始，以符号 SPE 结束。整个子程序必须在顺序程序结束指令 END 之前结束。

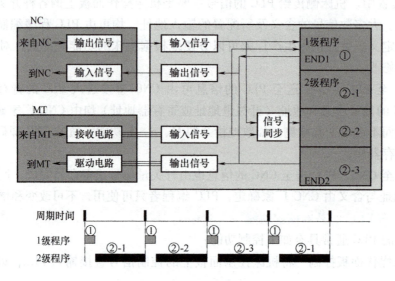

图 3-4　PMC 程序层级

二、FANUC 数控系统 PMC

FANUC 数控系统 PLC 又称为 PMC，有 PMC-A、PMC-B、PMC-C、PMC-D、PMC-G 和 PMC-L 等多种型号，它们分别使用不同的 FANUC 系统，如 Oi MATE-TD 系统 PMC 是采用 PMC-L 型号。

1. PMC 的信号地址、类型

PMC 的信号地址是指与机床侧的输入/输出信号、与 CNC 之间的输入/输出信号、内部继电器、保持性存储器内的数据等各信号存在场所的编号。在编写 PMC 程序时所需要的 4 种类型的地址如图 3-5 所示，图中实线表示与 PMC 相关的输入/输出信号经由 I/O 板的接收电路和驱动电路传送。由虚线表示的为与 PMC 相关的输入/输出信号仅在存储器中传送，例如在 RAM 中传送；这些信号的状态都可以在 CRT 上加以显示。

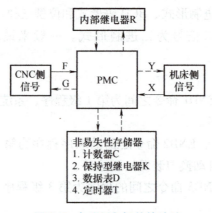

图 3-5　与 PMC 相关的地址

相关的 PMC 地址符号与信号种类见表 3-1。

表 3-1 相关的 PMC 地址符号与信号种类

字母	信号类型	地址号
X	来自机床侧的输入信号（MT→PMC）	X0~X127（外装 I/O 模块）
Y	由 PMC 输出到机床侧的信号（PMC→MT）	Y0~Y127（外装 I/O 模块）
F	来自 NC 侧的输入信号（NC→PMC）	F0~F255
G	由 PMC 输出到 NC 的信号（PMC→NC）	G0~G255
R	内部继电器	R0~R999（通用中间继电器）
A	信息显示请求信号	A0~A24
C	计数器	C0~C79
K	保持型继电器	K0~K19
T	可变定时器	T0~T79
D	数据表地址	D0~D1859
L	标记号地址	—
P	子程序号标志	—

（1）MT 与 PMC 之间的信号地址 X 与 Y　X 是来自机床侧的输入信号（如极限开关、刀位信号、操作按钮等检测元件），PMC 接收从机床侧各检测装置反馈回来的输入信号，在控制程序中进行逻辑运算，作为机床动作的条件及外围设备进行自诊断的依据。

Y 是由 PMC 输出到机床侧的信号，在控制程序中输出信号控制机床侧的接触器、信号指示灯动作，满足机床的控制要求。

（2）PMC 与 CNC 之间的信号地址 F 与 G　F 是由控制伺服电动机和主轴电动机的系统部分输入到 PMC 的信号，系统部分就是将伺服电动机和主轴电动机的状态，以及请求相关机床动作的信号（移动中信号、位置检测信号、系统准备完信号等），反馈到 PMC 中进行逻辑运算，以作为机床动作的条件及进行自诊断的依据。

G 是由 PMC 输出到控制伺服电动机和主轴电动机的系统部分的信号，对系统部分进行控制和信息反馈（如轴互锁信号，M 代码执行完毕信号等）。

（3）R 是内部继电器　经常在程序中作辅助运算用，其地址为 R0~R9117，共 1118 字节。R0 到 R999 作为通用中间继电器，R9000 后的地址作为 PMC 系统程序保留区域，不能作为继电器线圈使用。

（4）A 是信息显示请求信号　其地址为 A0~A24，共 25 个字节 200 个位，共计 200 个信息数。PMC 通过从机床侧各检测装置反馈回来的信号和系统部分的状态信号，对机床所处的状态经过程序的逻辑运算后进行自诊断。若为异常，使 A 为 1。当指定的 A 地址被置为 1 后，报警显示屏幕上便会出现相关的信息，帮助查找和排除故障。

（5）C 为计数器地址　其地址为 C0~C79，共 80 个字节，用于设计计数值的地址，每 4 个字节组成一个计数器（其中 2 个字节作为保存预置值，另外 2 个字节作为保存当前值用），也就是说共有 20 个计数器（1~20）。

（6）K 为保持型继电器　它的地址为 K0～K19，其中 K0 到 K16 为一般通用地址，K17～K19 为 PMC 系统软件参数设定区域，由 PMC 使用。在数控系统运行过程中，若发生停电事故，输出继电器和内部继电器全部成为断开状态。当电源再次接通时，输出继电器和内部继电器都不可自动恢复到断电前的状态，所以停电保持型继电器就用于当需要保存停电前的状态，并在再次运行时再现该状态的情形。

（7）T 为可变定时器　其地址为 T0～T79，共 80 个字节，用于存储设定时间，每 2 个字节组成一个定时器，共 40 个，定时器号从 1～40。

（8）D 为数据表地址　其地址为 D0～D1859，共 1860 个字节，在 PMC 程序中，某些时候需要读写大量的数字数据，D 就是用来存储这些数据的非易失性存储器。

（9）L 标记号地址　共有 9999 个标记数，用于指定标号跳转（JMPB、JMPC）功能指令中跳转目标标号。在 PMC 中相同的标号可以出现在不同的指令中，只要在主程序和子程序中是唯一的就可以。

（10）P 为子程序号标志　共有 512 个子程序数，用于指定条件调用子程序（CALL）和无条件调用子程序（CALLU）功能指令中调用的目标子程序号。在 PMC 程序中，目标子程序号是唯一的。

2. PMC 信号地址格式

PMC 地址格式由地址号和位号（0～7）表示，具体格式如下：

```
X127 . 7
  │    └── 位号0~7
  └─────── 地址号（字母后四位数以内）
```

在地址号的开头必须指定一个字母，用来表示表 3-1 中所列的信号类型，在功能指令中指定字节单位的地址时，位号可以省略，如 X127。

3. PMC 的基本指令和功能指令

梯形图是直接从传统的继电器控制演变而来的，通过使用梯形图符号组合成的逻辑关系构成了 PMC 程序。PMC 的基本指令有 RD、RD.NOT、WRT、WRT.NOT、AND、AND.NOT、OR、OR.NOT、RD.STK、RD.NOT.STK、AND.STK、OR.STK、SET 和 RST 共 14 个。在编写程序时通常有两种方法，一是使用助记符语言（即基本功能指令）；二是用梯形图符号。当使用梯形图符号编写时不需要理解 PMC 指令就可以直接进行程序的编写。由于梯形图易于理解、便于阅读和编辑，因而成为编程人员的首选，FANUC 数控系统使用梯形图符号进行编程。

三、FANUC 数控系统 I/O 硬件连接

图 3-6 所示为 FANUC 数控系统硬件连接。由于各个 I/O 点，手轮脉冲信号都连接在 I/O Link 总线上，在 PMC 梯形图编辑之前都要进行 I/O 模块的设置，即地址分配。在 PMC 中进行模块分配，实质上就是要把硬件连接和软件上设定统一的地址（物理点和软件点的对应），为了地址分配的命名方便，将各 I/O 模块的连接定义出组 group、座 base、槽 slot 的概念。

1）组：系统和 I/O 单元之间通过 JD1A→JD1B 串行连接，离系统最近的单元称之为第 0 组，依此类推，最大到 15 组。

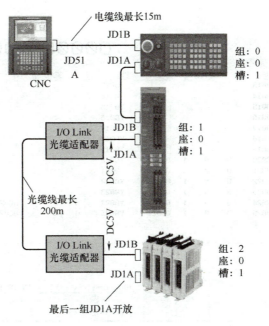

图 3-6　FANUC 数控系统硬件连接

2）基板：使用 I/O UNIT-MODEL A 时，在同一组中可以连接扩展模块，因此在同一组中为区分其物理位置，定义主副单元分别为 0 基板、1 基板。

3）槽：在 I/O UNIT-MODEL A 时，在一个基座上可以安装 5~10 槽的 I/O 模块，从左至右依次定义其物理位置为 1 槽、2 槽。

FANUC 数控系统常用的 I/O 模块如图 3-7 所示。

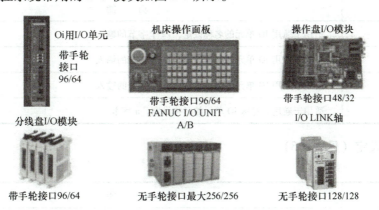

图 3-7　FANUC 数控系统常用的 I/O 模块

> **任务实施**

一、I/O 模块地址设置

1. 设定画面

按【PMC 配置】→【模块】进入地址设定画面，按下"操作"即可进行删除、编辑等操作，如图3-8所示。

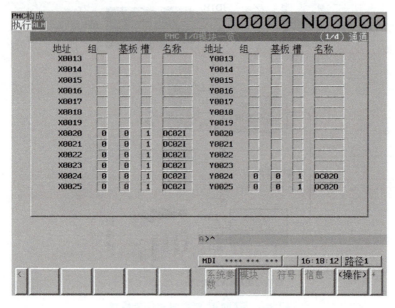

图3-8　PMC I/O 配置画面

（1）名称设定　I/O 点数的设定是按照字节数的大小通过命名来实现的，根据实际的硬件单元所具有的容量和要求进行设定。

（2）输入设定（见表3-2）

表3-2　输入设定

名称	功　能
OC01I	适用于通用 IO 单元的名称设定，12 个字节的输入
OC02I	适用于通用 IO 单元的名称设定，16 个字节的输入
OC03I	适用于通用 IO 单元的名称设定，32 个字节的输入
/n	适用于通用、特殊 IO 单元的名称设定，n 字节

（3）输出设定（见表3-3）

表3-3　输出设定

名称	功　能
OC01O	适用于通用 IO 单元的名称设定，8 个字节的输出
OC02O	适用于通用 IO 单元的名称设定，16 个字节的输出
OC03O	适用于通用 IO 单元的名称设定，32 个字节的输出
/n	适用于通用、特殊 IO 单元的名称设定，n 字节

2. I/O 地址设定步骤

模块分配系统的 I/O 模块的分配很自由，但有一个规则：连接手轮的模块至少为 16 个字节（在不进行参数特殊设置的情况下），且手轮连在离系统最近的一个大于或等于 16 字节的 I/O 模块的 JA3 接口上。对于这个 16 字节模块，Xm+0→Xm+11 用于输入点，即使实际上没有那么多输入点，但是为了连接手轮也需要这样分配。Xm+12→Xm+14 用于三个手轮的输入信号。I/O 地址设定说明如图 3-9 所示。

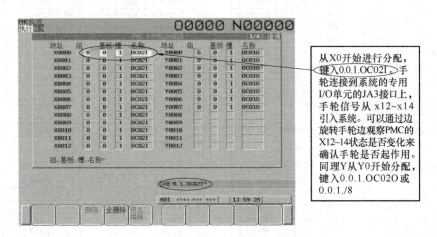

图 3-9 I/O 地址设定说明

图 3-10 所示为 FANUC Oi-D 数控系统连接示例，该示例仅使用 I/O 单元 A，不再连接其他模块，此时可设置如下：X 从 X0 开始，用键盘输入：0.0.1.OC02I；Y 从 Y0 开始，用键盘输入"0.0.1./8"。只连接一个手轮并旋转手轮时可看到 Xm+12 中的信号在变化。Xm+15 用于输出信号的报警。m 为在模块分配时候的起始地址，一旦分配的起始地址（m）定义好以后，则模块内的点地址也相对有了固定地址。

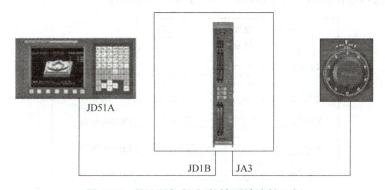

图 3-10 FANUC Oi-D 数控系统连接示例

I/O 单元 A 由 4 组 I/O 接口组成，每组 24/16 个输入输出点，共 96/64 个输入输出点。可通过 I/O Link 电缆和主控器或其他 I/O 设备连接。为了简化连接，使用 MIL 规格的扁平电缆把 Oi 用 I/O 单元和强电盘分线器或其他 I/O 设备进行连接。如图 3-11 所示，连接器 CB104、CB105、CB106、CB107 的 B01 引脚是输出信号，该引脚输出 24V，不要将外部 24V 接入到该引脚。

如果需要使用连接器的 Y 信号，可将 24V 输入到 DOCOM 引脚。

	CB104 HIROSE 50PIN			CB105 HIROSE 50PIN			CB106 HIROSE 50PIN			CB107 HIROSE 50PIN	
	A	B		A	B		A	B		A	B
01	0V	24V	01	0V	24V	01	0V	24V	01	0V	24V
02	Xm+0.0	Xm+0.1	02	Xm+3.0	Xm+3.1	02	Xm+4.0	Xm+4.1	02	Xm+7.0	Xm+7.1
03	Xm+0.2	Xm+0.3	03	Xm+3.2	Xm+3.3	03	Xm+4.2	Xm+4.3	03	Xm+7.2	Xm+7.3
04	Xm+0.4	Xm+0.5	04	Xm+3.4	Xm+3.5	04	Xm+4.4	Xm+4.5	04	Xm+7.4	Xm+7.5
05	Xm+0.6	Xm+0.7	05	Xm+3.6	Xm+3.7	05	Xm+4.6	Xm+4.7	05	Xm+7.6	Xm+7.7
06	Xm+1.0	Xm+1.1	06	Xm+8.0	Xm+8.1	06	Xm+5.0	Xm+5.1	06	Xm+10.0	Xm+10.1
07	Xm+1.2	Xm+1.3	07	Xm+8.2	Xm+8.3	07	Xm+5.2	Xm+5.3	07	Xm+10.2	Xm+10.3
08	Xm+1.4	Xm+1.5	08	Xm+8.4	Xm+8.5	08	Xm+5.4	Xm+5.5	08	Xm+10.4	Xm+10.5
09	Xm+1.6	Xm+1.7	09	Xm+8.6	Xm+8.7	09	Xm+5.6	Xm+5.7	09	Xm+10.6	Xm+10.7
10	Xm+2.0	Xm+2.1	10	Xm+9.0	Xm+9.1	10	Xm+6.0	Xm+6.1	10	Xm+11.0	Xm+11.1
11	Xm+2.2	Xm+2.3	11	Xm+9.2	Xm+9.3	11	Xm+6.2	Xm+6.3	11	Xm+11.2	Xm+11.3
12	Xm+2.4	Xm+2.5	12	Xm+9.4	Xm+9.5	12	Xm+6.4	Xm+6.5	12	Xm+11.4	Xm+11.5
13	Xm+2.6	Xm+2.7	13	Xm+9.6	Xm+9.7	13	Xm+6.6	Xm+6.7	13	Xm+11.6	Xm+11.7
14			14			14	COM4		14		
15			15			15			15		
16	Yn+0.0	Yn+0.1	16	Yn+2.0	Yn+2.1	16	Yn+4.0	Yn+4.1	16	Yn+6.0	Yn+6.1
17	Yn+0.2	Yn+0.3	17	Yn+2.2	Yn+2.3	17	Yn+4.2	Yn+4.3	17	Yn+6.2	Yn+6.3
18	Yn+0.4	Yn+0.5	18	Yn+2.4	Yn+2.5	18	Yn+4.4	Yn+4.5	18	Yn+6.4	Yn+6.5
19	Yn+0.6	Yn+0.7	19	Yn+2.6	Yn+2.7	19	Yn+4.6	Yn+4.7	19	Yn+6.6	Yn+6.7
20	Yn+1.0	Yn+1.1	20	Yn+3.0	Yn+3.1	20	Yn+5.0	Yn+5.1	20	Yn+7.0	Yn+7.1
21	Yn+1.2	Yn+1.3	21	Yn+3.2	Yn+3.3	21	Yn+5.2	Yn+5.3	21	Yn+7.2	Yn+7.3
22	Yn+1.4	Yn+1.5	22	Yn+3.4	Yn+3.5	22	Yn+5.4	Yn+5.5	22	Yn+7.4	Yn+7.5
23	Yn+1.6	Yn+1.7	23	Yn+3.6	Yn+3.7	23	Yn+5.6	Yn+5.7	23	Yn+7.6	Yn+7.7
24	DOCOM	DOCOM	24	DOCOM	DOCOM	24	DOCOM	DOCOM	24	DOCOM	DOCOM
25	DOCOM	DOCOM	25	DOCOM	DOCOM	25	DOCOM	DOCOM	25	DOCOM	DOCOM

图 3-11　I/O 单元接口定义

如果需要使用 Xm+4 的地址，此时不要悬空 COM4 引脚，建议将 0V 接入 COM4 引脚。其中的 m、n 为对该模块进行地址分配时 "MODULE" 界面的首地址，例如实习机中，m＝0，n＝0。I/O 输入输出点接线示例如图 3-12 与图 3-13 所示。

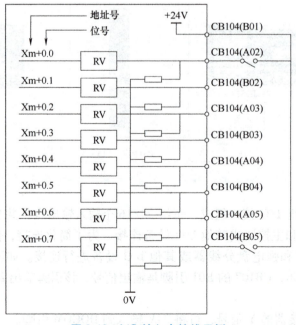

图 3-12　I/O 输入点接线示例

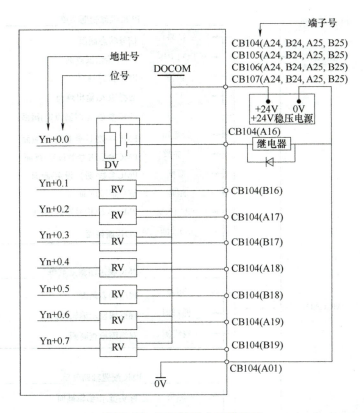

图 3-13　I/O 输出点接线示例

二、PMC 画面操作和设定

图 3-14 所示为 FANUC 数控系统 PMC 菜单功能，其功能介绍如下：

① PMC 维修辅助菜单：该菜单显示 PMC 信号状态的监控、跟踪、PMC 数据显示/编辑等与 PMC 维护相关的画面。

② PMC 梯形图辅助菜单：该菜单显示与梯形图的显示/编辑相关的画面。

③ PMC 配置辅助菜单：该菜单显示构成顺序程序的梯形图以外的数据的显示/编辑、PMC 功能的设定画面。

PMC 维修辅助菜单包括以下画面。

（1）PMC 的信号状态（【信号】画面）　在信号的状态画面上，显示在程序中制定的所有地址的内容。地址的内容以位模式 "0" "1" 显示，最右边每个字节以 16 进制数字或 10 进制数字显示，如图 3-15 所示。

要改变信号状态时，按下【强制】软键，转移到强制输入/输出画面。对任意的 PMC 地址的信号强制性地输入值的功能。强制输入 X，不使用 I/O 设备就能调试顺序程序；强制输出 Y，不使用顺序程序就能有效地确认 I/O 设备侧的信号线路。有普通强制输入输出方式和倍率方式强制两种输入方式，根据用途不同区分使用，信号强制功能见表 3-4。

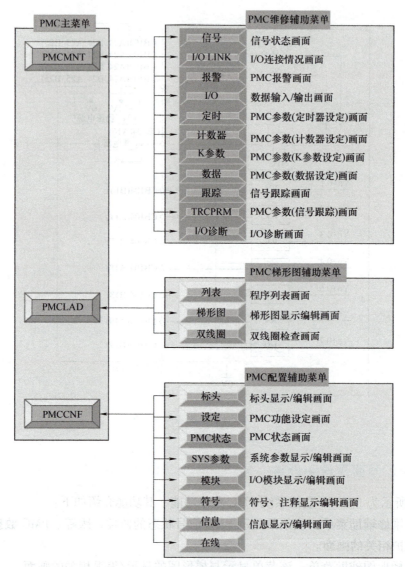

图 3-14　PMC 菜单功能

表 3-4　信号强制功能

机能	强制 FORCING	自锁强制 OVERRIDE
强制能力	可强制信号 ON 或 OFF，但 PMC 程序如果使用此信号时，即恢复实际状态	可强制信号 ON 或 OFF，即使 PMC 使用此信号，也可以维持强制状态
使用范围	适用于所有信号地址	只适用于 X、Y 信号
备注	分配过的 X、Y 信号不能使用此功能。"内置编程器功能"有效时可以使用	"内置编程器功能"有效、PMC 设定参数有效可以使用

　　自锁强制功能，FANUC 0i-D 系列 CNC 主控制系统使用 PMC/L 时，自锁强制功能无效。自锁强制功能的使用必须要首先设定"倍率有效"参数为有效，如图 3-16 所示。

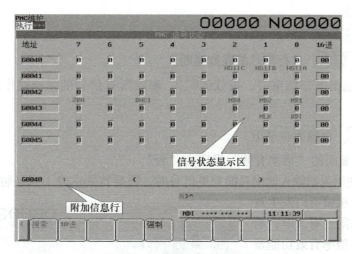

图 3-15　PMC【信号】画面

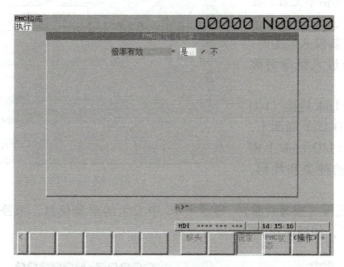

图 3-16　倍率有效设置画面

1）自锁强制功能设置操作步骤如下：

① 按功能键 [SYSTEM]，软键 [PMC配置] [设定] 顺序按下，显示出设定画面。

② 按压数次"翻页"键，显示"倍率有效"的设定画面。

③ "倍率有效"设定为"是"。

④ 切断电源后再次上电，自锁强制功能有效。

2）自锁强制功能使用操作步骤如下：

① PMC 信号状态画面的显示

按下功能键 [SYSTEM]，再按软键 [PMC维护] [信号状态]，显示出信号状态画面。

移动光标到需要强制的信号地址上。

② 按软键 [强制]。

③ 按软键 [倍率解除]。

④ 按软键 [开] [关]，进行信号的强制通断。

⑤ 强制输入输出操作结束时，按软键 [解除]。解除所有信号的强制操作时，可以按软键 [初始化] 进行。

⑥ 按软键 [退出]，自锁强制结束。

⑦ PMC 设定画面的"倍率有效"设定为"否"。

安全警示：使用强制输入输出功能变更信号时，需要特别注意。当强制输入输出功能使用方法不恰当时，机械可以发生意料外的动作。机械附近有人时，请不要使用此功能。倍率有效功能是用于梯形图调试的功能。因此在出厂设定时，请更改为倍率无效。在电源中断时，倍率的 I/O 信号值被清除。因此，重新投入电源时，XY 地址的全部位进入倍率解除状态。

（2）显示 I/O Link 连接（I/O Link 画面） 在 I/O Link 画面上，按照组的顺序显示 I/O Link 上所连接的 I/O 单元的种类和代码，如图 3-17 所示。

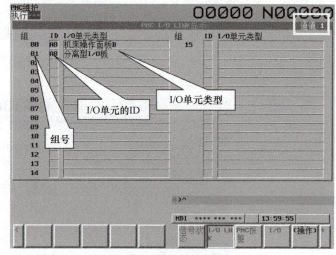

图 3-17　I/O Link 画面

（3）PMC 的报警（报警画面） 显示 PMC 中发生的报警信息，报警信息内容可参考"报警信息一览表"，如图 3-18 所示。

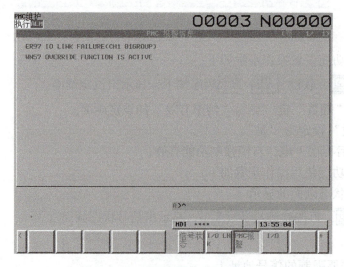

图 3-18　PMC 报警信息画面

（4）输入/输出画面（I/O 画面）　在此画面上，顺序程序、PMC 参数以及各国语言 PMC 信息数据可被写入到指定装置，并从装置读出或比较，如图 3-19 所示。

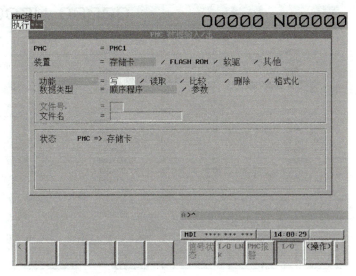

图 3-19　I/O 画面

（5）定时器设定画面　定时器设定画面如图 3-20 所示。

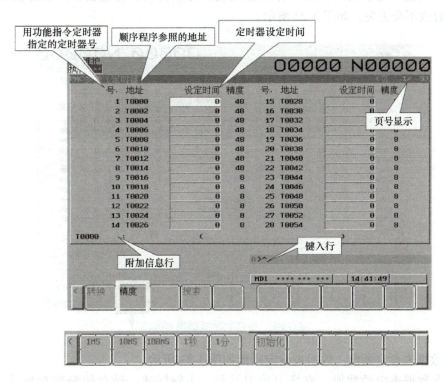

图 3-20　定时器设定画面

（6）计数器设定画面　计数器设定画面如图 3-21 所示。

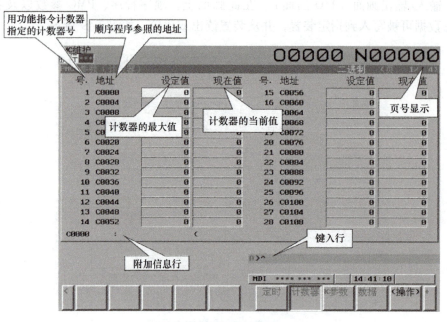

图 3-21 计数器设定画面

（7）保持型继电器设定画面　保持型继电器为非易失性存储器，所以即使切断电源，其存储内容也不会丢失，如图 3-22 所示。

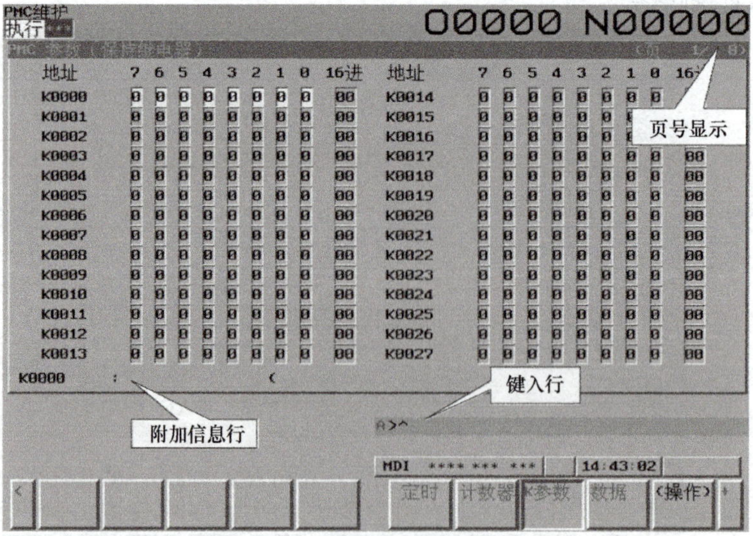

图 3-22 保持型继电器设定画面

（8）数据表设定画面　数据表设定画面如图 3-23 所示。

存储在数据表中的数值，有换刀用刀具号、主轴转速、转台的分度角度等多种的使用目的，按使用目的不同，将数据表中的数据进行分组，数据表分组设定画面如图 3-24 所示。

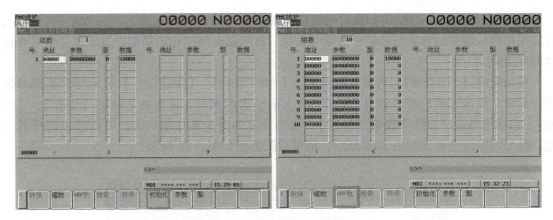

图 3-23 数据表设定画面

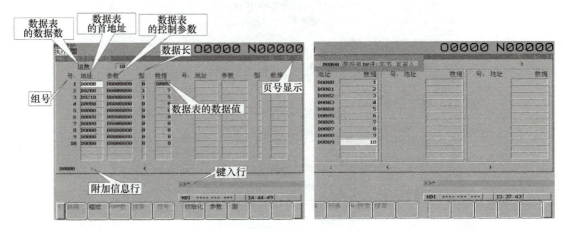

图 3-24 数据表分组设定画面

（9）保护数据表　若已使用数据表参数设置数据保护，则不能用 MDI 对数据表进行修改。此时，可以在数据表控制画面，按下保护切换按钮，即可选择是否允许对数据表进行修改，如图 3-25 所示。

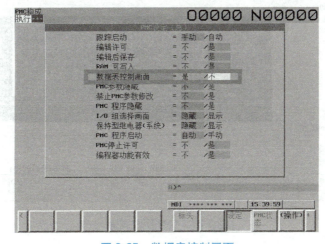

图 3-25 数据表控制画面

（10）信号跟踪　PMC 的扫描时间较快，很多信号的变化无法通过肉眼观察到，但是，可以采用信号跟踪的方法记录信号的瞬时变化、显示随时间变化的周期以及与其他信号变化的时序关系。

按功能键【SYSTEM】，再按软键【+】、【PMC 维护】、【跟踪设定】显示信号追踪参数设定画面。设定完成后按软键【跟踪】，进入信号追踪画面。依次按下软键【操作】、【开始】，启动信号追踪。按下软键【停止】，或当设定的停止条件满足时，可以停止信号的追踪。信号跟踪设定画面如图 3-26 所示，信号追踪画面如图 3-27 所示。

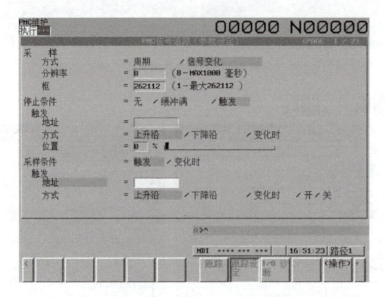

图 3-26　信号跟踪设定画面

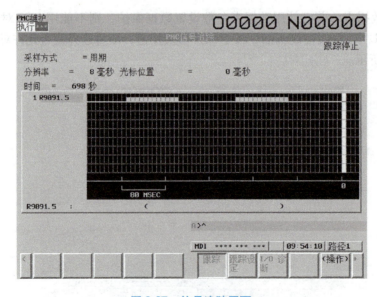

图 3-27　信号追踪画面

项目3 数控机床PLC的故障诊断与维修

➢ 任务总结与评价

序号	项目及技术要求	评分标准	分值	成绩
1	I/O 模块地址设置	能独立完成 I/O 模块地址设置	40分	
2	PMC 画面操作和设定	能独立完成 PMC 维修画面设定	40分	
3	职业道德规范、安全文明生产、工作纪律及态度	穿工装、绝缘胶鞋进入实训场地；按照指导教师要求和安全操作规范完成任务操作练习	20分	

➢ 课后习题

一、填空题

1. 数控机床的各种执行机构的逻辑顺序控制是由_____完成的。
2. 数控机床常用的 PLC 主要有_____和_____两类。
3. 目前，CNC 系统大多数都采用_____PLC，使其结构更加紧凑。
4. 机床操作面板上的各种开关、按钮及检测信号等信息，通过输入接口输入到_____处理后再送到 CNC 装置中。
5. 数控机床侧的开关量信号主要包括_____等。
6. PMC 的数据形式有_____、_____、_____。
7. FANUC 数控系统可以通过屏幕对 PMC 实施操作，实现各种信号的_____、_____及_____等。
8. PLC 与数控机床交换信息的形式由_____、_____、_____和_____四种。
9. PMC 地址格式由_____和_____组成。
10. 数控机床在编写程序时通常由_____和_____两种方法。

二、选择题

1. 在 FANUC 系统中，来自机床侧的信号（MT→PMC）用字母（   ）表示。
   A. X   B. F   C. Y   D. G
2. 在 FANUC 系统中，由 PMC 输出到机床侧的信号（PMC→MT）用字母（   ）表示。
   A. X   B. F   C. Y   D. G
3. 在 FANUC 系统中，来自 NC 侧的输入信号（NC→PMC）用字母（   ）表示。
   A. X   B. F   C. Y   D. G
4. 在 FANUC 系统中，由 PMC 输出到 NC 的信号（PMC→NC）用字母（   ）表示。
   A. X   B. F   C. Y   D. G
5. FANUC 数控系统常采用（   ）进行 PLC 编程。
   A. 梯形图符号   B. 助记符语言   C. 功能块   D. 语句表

三、简答题

数控机床 PLC 的基本控制功能有哪些？

任务 2　编辑数控机床的 PLC 程序

> 知识目标

1）了解 FANUC 数控系统 PMC 程序。
2）掌握 FANUC 数控系统 PMC 状态信号的含义。
3）掌握 PMC 的地址分配。

> 技能目标

1）会对 PMC 程序进行查找和编辑。
2）会对 PMC 画面进行基本操作。

> 素养目标

1）培养学生按 7S（整理、整顿、清扫、清洁、素养、安全、节约）标准工作的良好习惯。
2）培养学生具备善于观察，主动学习，能够分析问题、解决问题的能力。

> 必备知识

FANUC 数控系统 PMC 程序编辑

FANUC 数控系统可以通过屏幕对 PMC 实施操作，实现各种信号的监控与诊断，PLC 寄存器的参数设定，梯形图程序的显示、编辑以及系统参数查阅等。

1. 查阅梯形图

1）在数控系统上按【SYSTEM】键两次，再按【+】扩展键，出现了 PMC 梯形图界面，如图 3-28 所示。

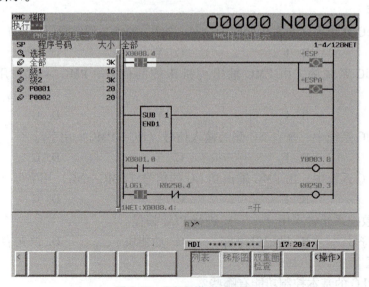

图 3-28　PMC 梯形图画面

2）按下【PMCLAD】软键→【梯形图】软键，进入 PMC 梯形图列表画面如图 3-29 所示；可以通过上下翻页键或光标移动键查看所有的程序。PMC 梯形图画面的基本配置如图 3-30 所示。

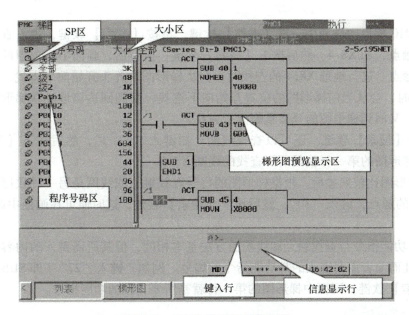

图 3-29　PMC 梯形图列表画面

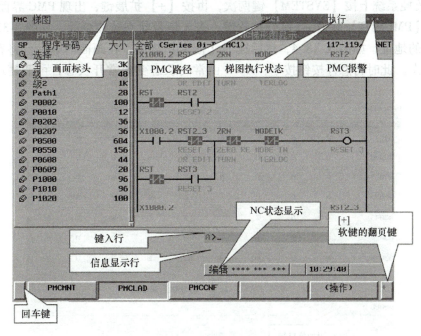

图 3-30　PMC 梯形图画面的基本配置

3）在 CRT 屏幕中，触点和线圈断开（状态为 0）以低亮度显示，触点和线圈闭合（状态为 1）以高亮度显示；在梯形图中有些触点或线圈是用助记符定义的，而不是用地址来定义。这样做的目的是，编写 PMC 程序时方便记忆，为地址做了助记符。

2. 在梯形图中查找触点、线圈、行号和功能指令

在梯形图中快速准确地查找想要的内容，是日常保养和维修过程中经常进行的操作，必须熟练掌握。

1) 在 PMC 梯形图画面中，按【操作】软键，再按【搜索】软键，进入查找画面；键入要查找的触点，如 X8.4。然后按下【搜索】软键；执行后，画面中梯形图的第一行就是所要查找的触点。进行地址 X8.4 的查找时，会从梯形图的开头开始向下查找，当再次进行 X8.4 的查找时，会从当前梯形图的位置开始向下查找，直到到达该地址在梯形图中最后出现的位置后，又回到梯形图的开头重新向下查找。

2) 使用【搜索】软键，还可以查找线圈。如键入"Y8.3"，然后按下【W-搜索】软键，画面中梯形图的第一行就是所要查找的线圈 Y8.3。

3) 对梯形图比较熟悉后，根据梯形图的行号查找触点或线圈是另一种快捷方法；如要查找第 30 行的触点，键入"30"，然后按下【搜索】软键，这时便可在画面中调出第 30 行的梯形图。

4) 查找功能指令与查找触点和线圈的方法基本相同，但其所需键入的内容不同，后者键入的是地址而前者需要键入的是功能指令的编号。例如，键入"27"（即 SUB27）然后按下【功能搜索】软键，画面中梯形图的第一行就是所要查找的功能指令。

3. 信号状态的监控

信号状态监控画面可以提供触点和线圈的状态。具体操作方法如下：

1) 在数控系统上按【SYSTEM】键两次，再按【+】扩展键，出现 PMC 界面。

2) 按【PMCMNT】软键→【信号】软键，进入信号状态监控画面，如图 3-31 所示；输入所要查找的地址，如键入 X8.4，然后按下【搜索】软键，在画面的第一行将看到所要找的地址的状态。此时将急停按钮按下，X8.4 由常闭状态变成常开状态，可清楚地看到其监控的状态。

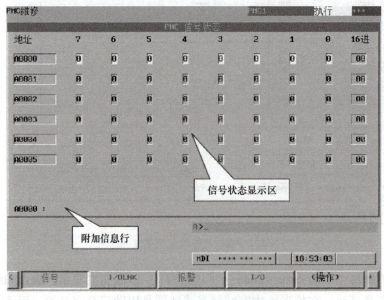

图 3-31 信号状态监控画面

4. 与 PMC 的编辑有关的操作

对于 FANUC 数控系统，不但可以在 CRT 上显示 PMC 程序，而且可以进入编辑画面，根据用户的需求对 PMC 程序进行编辑和其他操作。

1）选择"EDIT"（编辑）运行方式，按【SYSTEM】键两次→按【+】扩展键→【PMCCNF】软键，按【设定】键，将编辑许可设为"是"，编辑后保存设为"是"；按【<】键返回 PMC 界面，按【PMCLAD】软键→【梯形图】软键→【操作】软键→【编辑】软键→【缩放】软键，在此可以进行程序的编辑。

2）对程序进行编辑或修改。例如，要输入图 3-32 所示的梯形图（R0620.2 的导通不断地产生 R0620.3 的上升沿脉冲）。

图 3-32 梯形图实例

具体操作方法如下：

① 将光标移动到起始位置后按下【⊣├】软键，其被输入到光标位置处。

② 用地址键和数字键键入 R0620.2 后，按下"INPUT"键，在触点上方显示地址，光标右移。

③ 按下【⊣/├】软键，输入地址 R0620.4，然后按下"INPUT"键，在常闭触点上方显示地址，光标右移。

④ 按下【─○┤】软键，此时自动扫描出一条向右的横线，并且在靠近右垂线附近输入了继电器的线圈符号。

⑤ 输入地址 R0620.3 后，按下"INPUT"键，光标自动移到下一行起始位置。

⑥ 按下【⊣├】软键，输入地址 R0620.2，按下"INPUT"键，在其上方显示地址，光标右移。

⑦ 按下【─○┤】软键，此时自动扫描出一条向右的横线，并且在靠近右垂线附近输入了继电器的线圈符号。

⑧ 输入地址 R0620.4 后，按下"INPUT"键，光标自动移到下一行起始位置。

3）顺序程序的编辑修改。

① 如果某个触点或者线圈的地址输入错误，可以把光标移到需要修改的触点或线圈处，在 MDI 键盘上键入正确的地址，然后按下"INPUT"键，就可以修改地址了。

② 如果要在程序中进行插入操作，按照图 3-33 的顺序，按【+】软键，将显示具有【行插入】、【左插入】、【右插入】、【取消】、【结束】的画面，就可以对程序进行插入修改了。

③ 将光标移动到需要删除的位置后，可用三种软键进行删除操作：

【----】：删除水平线、触点、线圈。

【↑__】：删除光标左上方纵线。

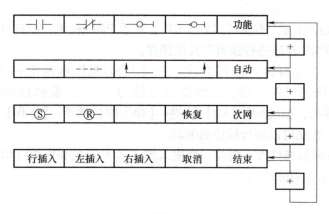

图 3-33　程序的插入操作顺序

【⏌】：删除光标右上方纵线。

> 任务实施

1. 进入 PMC 界面

在数控系统上按【SYSTEM】键两次，再按【+】扩展键，出现了 PMC 界面，如图 3-34 所示。

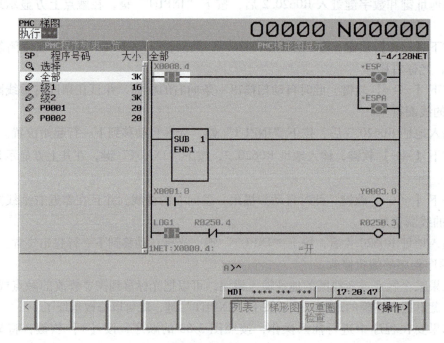

图 3-34　PMC 界面

2. 监视梯形图（【梯形图】画面）

按软键【操作】、【缩放】或【梯形图】，进入梯形图监视画面，如图 3-35 所示；梯形图搜索菜单如图 3-36 所示。

项目3　数控机床PLC的故障诊断与维修

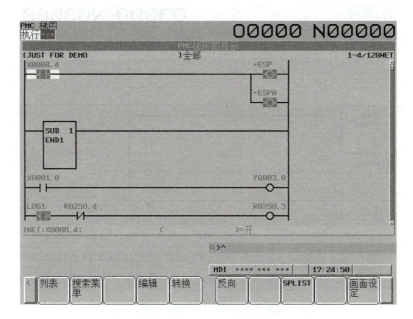

图 3-35　梯形图监视画面

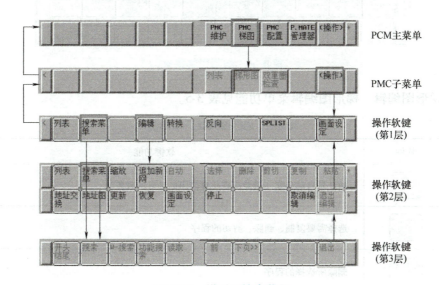

图 3-36　梯形图搜索菜单

3. 编辑梯形图

按软键【编辑】，进入梯形图编辑画面，如图 3-37 所示。

（1）编辑网络

缩放：修改光标所在位置的网格。

追加新网：在光标位置之前编辑新的网格。

编辑网络菜单如图 3-38 所示。

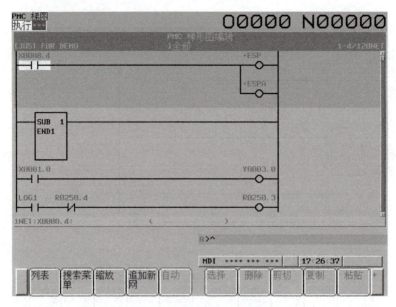

图 3-37　梯形图编辑画面

图 3-38　编辑网络菜单

（2）梯形图编辑　梯形图编辑菜单功能见表 3-5。

表 3-5　梯形图编辑菜单功能

序号	软件	软键功能
1	自动	地址号自动分配（避免出现重复使用地址号的现象）
2	选择	选择需要复制、删除、剪切的程序
3	删除	删除所选择的程序
4	剪切	剪切所选择的程序
5	复制	复制所选择的程序
6	粘贴	粘贴所复制、剪切的程序到光标所在的位置
7	地址交换	批量更换地址号

（续）

序号	软件	软键功能
8	地址图	显示程序所使用的地址分布
9	更新	编辑完成后更新程序的 RAM 区
10	恢复	恢复更改前的原程序（更新之前有效）

（3）检查双线圈（【双线圈】画面） 按软键【PMC梯形图】、【双重圈检查】，进入双线圈输出检查画面，如图3-39所示。

按软键【操作】、【跳转】，跳转到相应的梯形图画面。

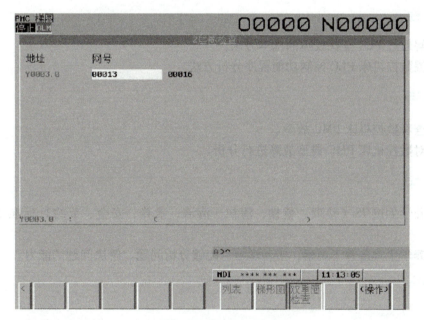

图 3-39 双线圈输出检查画面

➢ 任务总结与评价

序号	项目及技术要求	评分标准	分值	成绩
1	PMC 界面操作	能独立完成打开 PMC 程序界面	40分	
2	PMC 程序编辑	能独立完成 PMC 程序编辑	40分	
3	职业道德规范、安全文明生产、工作纪律及态度	穿工装、绝缘胶鞋进入实训场地；按照指导教师要求和安全操作规范完成任务操作练习	20分	

> 课后习题

一、填空题

1. FANUC 数控系统可以通过屏幕对 PMC 实施操作，实现_____、_____、_____和_____等。
2. 常用 PMC 信号有_____。

二、简答题

1. 简述查阅 FANUC PMC 梯形图的步骤。
2. 以 M03 为例，简述执行 M 辅助功能代码的处理过程。

任务 3　PLC 控制模块的故障诊断与维修

> 知识目标

1) 了解通过 PLC 查找故障的基本方法。
2) 掌握数控机床 PLC 控制功能程序分析方法。

> 技能目标

1) 会查看数控机床 PMC 故障。
2) 会对数控机床 PMC 典型故障进行分析。

> 素养目标

1) 培养学生按 7S（整理、整顿、清扫、清洁、素养、安全、节约）标准工作的良好习惯。
2) 培养学生具备善于观察，主动学习，能够分析问题、解决问题的能力。

> 必备知识

一、通过 PLC 查找故障的基本方法

1. 根据 PLC 的 I/O 状态诊断故障

在数控机床中，输入、输出信号的传递都要通过 PLC 的 I/O 接口来实现，因此，许多故障都会在 PLC 的 I/O 接口通道上反映出来。数控机床的这种特点为故障诊断提供了方便，只要不是数控系统硬件故障，就可以不必查看梯形图和有关电路图，而是直接通过查询 PLC 接口状态，寻找故障原因。

1) 在"PLC 状态"中观察所需的输入开关量或系统变量是否已经正确输入，若没有正确输入，则应检查外部电路。对于 M、S、T 指令，可以编写一个检验程序，以自动或单段的方式执行该程序，在执行过程中观察相应的地址位。

2) 在 PLC 状态中观察所输出开关量或系统变量是否正确输出。若没有正确输出，则应检查 CNC 侧，分析是否有故障。

2. 根据 PLC 报警信息号诊断故障

数控机床的 PLC 程序属于机床厂家的二次开发程序，即由厂家根据机床的功能和特点，编写相应的动作顺序以及报警文本，对控制过程进行监控，当机床出现异常情况时，PLC 程序会发出相应报警信息。因此，在维修过程中要充分利用这些信息。

3. 通过梯形图监控诊断故障

根据 PLC 的梯形图分析和诊断故障，是解决数控机床外围故障的基本方法。利用这种方法诊断机床故障，首先应搞清楚数控机床的工作原理、动作顺序和联锁关系，然后利用系统的自诊断功能或通过机外编程器，根据 PLC 梯形图查看相关的输入、输出及标志位的状态，从而确定故障。

4. 通过 PLC 动态信号追踪诊断故障

通过 PLC 的动态跟踪，结合系统的工作原理，实时观察 I/O 及内部信号状态的瞬间变化，这对确定和查找数控机床故障点是很有效的。

二、数控机床 PLC 控制功能程序分析

FANUC 0i Mate-TD 数控系统控制的 PLC 应用功能程序非常强大，下面主要以车床润滑泵控制梯形图为例来学习如何识读梯形图。图 3-40 所示为 CAK4085di 型数控车床的润滑泵控制原理，图 3-41 所示是润滑泵控制梯形图。

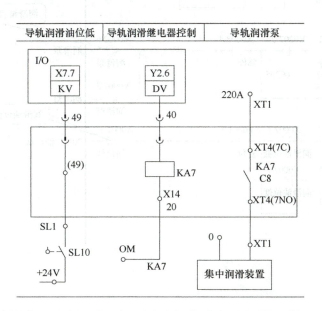

图 3-40　润滑泵控制原理

1. 首次开机润滑

在图 3-41 梯形图中，由定时器 7 和定时器 8 组成润滑过程的间歇时间，当机床首次开机时，定时器 7 开始延时，延时时间到后，内部继电器 R0207.0 接通，其常开触点闭合，定时器 8 开始延时，同时输出接口 Y2.6 有效，KA7 继电器获电，润滑泵运行。当定时器 8 延时时间到，R0207.1 接通，其常闭触点切断 R0207.0 回路，首次润滑停止。

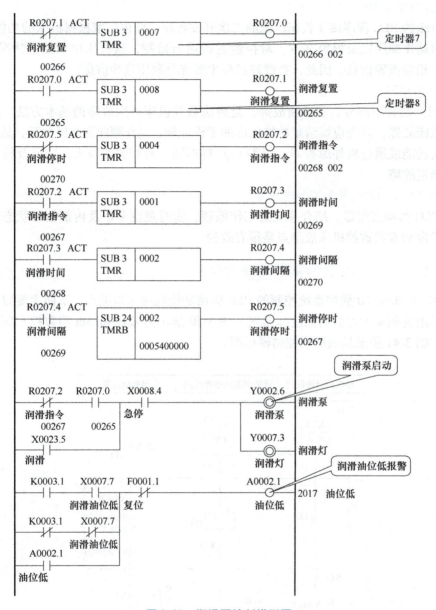

图 3-41 润滑泵控制梯形图

2. 机床运行过程中的润滑

机床运行过程中，通过可变定时器 TMR001 和 TMR002 设定自动润滑间歇时间，机床自动润滑时间由固定定时器 TMRB0022 设定，通过 TMRB0022 定时器延时接通内部继电器 R0207.5，其常闭触点断开，切断润滑指令继电器 R0207.2，机床完成一次润滑自动控制，机床周而复始地进行润滑。

3. 润滑油位过低报警

当机床润滑系统油面下降到极限位置时，机床润滑系统报警闪烁，提示操作者需要加油润滑。

任务实施

典型故障的分析

故障一：某 FANUC Oi 系统数控铣床，开机后，在手动 JOG 状态下，机床不能正常运转。

故障分析与处理：机床手动操作无效，而自动方式操作正常时，故障分析步骤如下：

1) 系统状态未在手动状态。通过观察 PLC 梯形图（见图 3-42）中的 G43.2、G43.1、G43.0 的状态，来判断机床手动方式开关是否有效，以判断工作方式开关及位置、连接线是否正常。

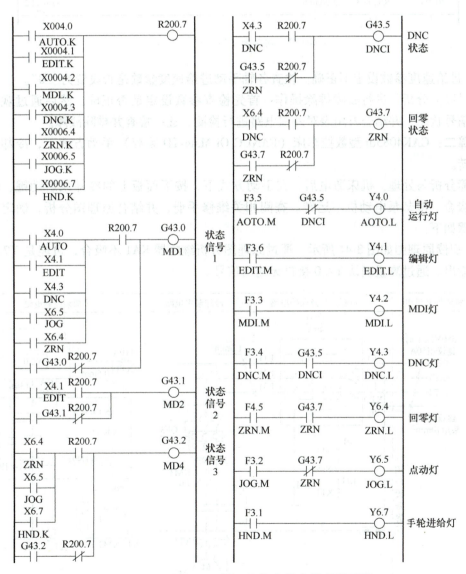

图 3-42 FANUC Oi 系统工作状态 PLC 控制梯形图

2) 进给轴和方向选择信号未输入。通过观察 PLC 梯形图中的 G100.0、G100.1、

G100.2（第 1、2、3 轴正方向选择）以及 G102.0、G102.1、G102.2（第 1、2、3 轴负方向选择）的状态（0 或 1）来判断哪一个轴的进给方向信号没有输入，如图 3-43 所示。

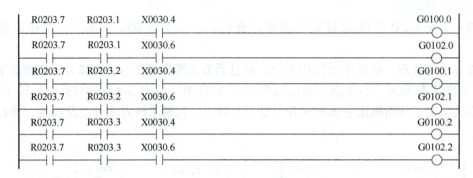

图 3-43　判断哪个轴没有输入信号

3）进给速度参数设定不正确。检查各轴手动进给速度参数是否设置为"0"。

通过以上分析，进行故障排除操作：首先检查参数设定是否正确，然后通过观察 PLC 梯形图信号状态，并结合万用表对外围电路进行检测，逐一检查并排除故障。

故障二： CAK4085di 型数控车床（FANUC 0i Mate-TD 系统）手动方式下，冷却泵电动机不运转。

故障分析与处理：机床通电后，在手动方式下，按下面板上的冷却泵启动键，继电器 KA1 不吸合，冷却泵电动机不运转。查阅相关维修手册，并结合原理图分析，确定其故障分析步骤如下：

1）识读原理图如图 3-44 所示。通过原理图分析继电器 KA1 不吸合，可能是 Y2.0 接口无信号输出。通过测量确认 Y2.0 接口无输出信号。

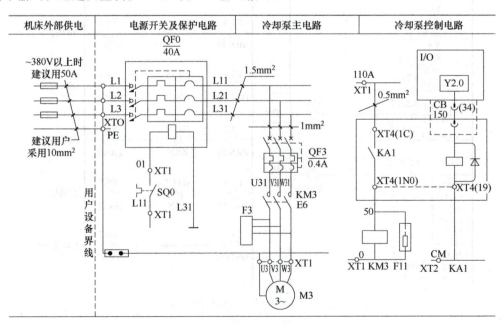

图 3-44　CAK4085di 型数控车床冷却泵控制线路原理图

2）根据操作说明书，进入 PLC 梯形图监控界面，如图 3-45 所示。按下冷却泵启动键（对应的输入接口为 X0025.4），观察梯形图触点的变化，发现 X0025.4 不闭合，分析故障在按键及信号传输线有开路。

3）断电后，利用万用表测量信号线及按键，确定故障点。

通过以上分析，进行故障排除操作：首先识读电路原理图，然后通过观察 PLC 梯形图信号状态，并结合万用表对外围电路进行检测，逐一检查并排除故障。

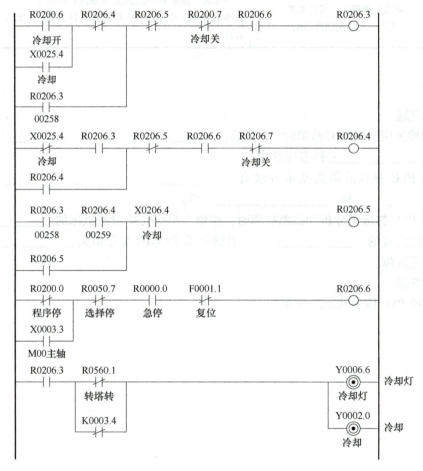

图 3-45　冷却泵控制梯形图

故障三：某数控铣床采用 FANUC 0i MC 系统，接通系统电源后，出现"PLC STOP"报警，机床无法正常运行。

故障分析与处理：通过查看 FANUC 系统维修说明书和相关知识分析可知，造成"PLC STOP"报警的主要原因有：一是 PLC 硬件故障，使 PLC 启动时无法完成初始化；二是 PLC 程序丢失或参数设置错误，使 PLC 强制停止。根据分析的故障原因，参考维修说明书中的故障对策进行处理。具体步骤如下：

1）先进行软件检查，利用 PLC 来查看梯形图，查看内部保持型继电器 K900#2 是否为"1"。

2）进行硬件检查，若为一般硬件故障需返厂检修。

➢ 任务总结与评价

序号	项目及技术要求	评分标准	分值	成绩
1	数控机床 PMC 故障分析	能独立完成分析机床 PMC 故障分析	30 分	
2	数控机床 PMC 故障处理	能独立排除较简单的 PMC 故障	50 分	
3	职业道德规范、安全文明生产、工作纪律及态度	穿工装、绝缘胶鞋进入实训场地；按照指导教师要求和安全操作规范完成任务操作练习	20 分	

➢ 课后习题

一、填空题

1. 当数控机床出现 PLC 故障时，一般有_____、_____ 和_____三种表现形式。

2. 通过 PLC 查找故障的基本方法有_____、_____、_____和_____等。

3. 根据 PLC 梯形图分析和诊断故障时，维修人员应先搞清楚机床的_____，然后利用数控装置的_____，根据 PLC 梯形图查看相关_____的状态，从而确定故障。

二、简答题

简述监控 PLC 信号状态的步骤。

项目4
主轴驱动系统的故障诊断与维修

> 学习指南

主轴是数控机床的重要部件之一,其结构和性能直接影响被加工零件的尺寸精度和表面质量,其工作运动通常是主轴的旋转运动,通过主轴的回转与进给轴的进给,实现刀具与工件快速的相对切削运动。因此,在数控机床的维修和维护中,对主轴驱动系统的维护显得尤为重要。而主轴进给驱动系统电气维修的基础,就是掌握主轴驱动系统的电气组成与电气原理,为维修数控主轴驱动系统故障打下基础。

> 内容结构

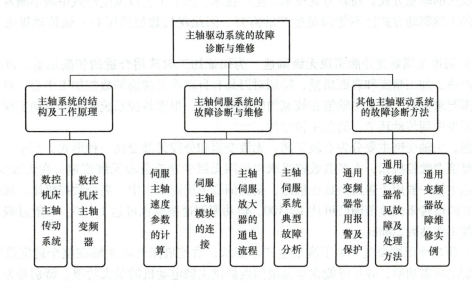

任务 1 主轴系统的结构及工作原理

> 知识目标

1)了解数控机床对主轴传动的要求。
2)掌握主轴系统的分类及特点。
3)掌握典型主轴驱动电气系统的分析。
4)掌握三菱变频器的原理与应用。

> 技能目标

1) 会通过数控系统程序控制变频器的运行。
2) 会通过数控机床操作面板控制变频器的运行。
3) 会进行变频器参数设定与运行。

> 素养目标

1) 培养学生按7S（整理、整顿、清扫、清洁、素养、安全、节约）标准工作的良好习惯。
2) 培养学生具备善于观察，主动学习，能够分析问题、解决问题的能力。

> 必备知识

一、数控机床主轴传动系统

1. 数控机床对主轴传动的要求

20世纪60~70年代，数控机床的主轴一般采用三相异步电动机配上多级齿轮变速箱实现有级变速的驱动方式。随着刀具技术、生产技术、加工工艺以及生产效率的不断发展，上述传统的主轴驱动方式已不能满足生产的需要，因此现代数控机床对主轴传动提出了以下要求：

（1）调速范围要宽并能实现无级调速 为保证加工时选用合适的切削用量，以获得最佳的生产率、加工精度和表面质量，特别对刀具有自动换刀功能的数控加工中心，对主轴的调速范围要求更高，要求主轴能在较宽的转速范围内，根据数控系统的指令自动实现无级调速，并减少中间传动环节，简化主轴结构。

目前，主轴变速主要分为有级变速、无级变速和分段无级变速三种形式，其中有级变速仅用于经济型数控机床，大多数数控机床均采用无级变速或分段无级变速。在无级变速中，变频调速主轴一般用于普及型数控机床，交流伺服主轴则用于中、高档数控机床。现代主轴驱动装置的恒转矩调速范围已可达1∶100，恒功率调速范围也可达1∶30，一般过载1.5倍时可持续工作达到30min。

（2）恒功率范围要宽 为了满足生产率要求，数控机床要求主轴在整个速度范围内均能提供切削所需功率，并尽可能在全速范围内提供主轴电动机的最大功率。特别是为了满足数控机床较低转速、强力切削的需要，常采用分级或无级变速的方法（即在低速段采用机械减速装置），以扩大输出转矩，满足最大功率输出的要求。

（3）具有四象限驱动能力 要求主轴在正、反向转动时均可进行自动加、减速控制，并且加、减速时间要短，调速运行要平稳。目前，一般伺服主轴可以在1s内从静止加速到6000r/min。

（4）具有螺纹切削和定位准停功能

1) 螺纹切削功能。为了使数控车床具有螺纹切削功能，要求主轴能与进给驱动实行同步控制。为了实现这种功能，数控车床加工螺纹时必须安装一个检测元件，常用的检测元件是光电编码器和磁栅编码器。其中光电编码器的工作轴安装在与数控车床的主轴同步转动的位置上，可准确测量出车床主轴的转数及旋转零点的位置，并以脉冲的方式将这些信号送入数控装置中，以便进行螺纹插补运算及控制。

2）定位准停功能。在加工中心上，为了满足加工中心自动换刀，还要求主轴具有高精度的准停功能。主轴定向控制的实现方式有两种：一是机械准停；二是电气准停。例如：利用安装在主轴上的磁性传感器或编码器作为检测元件，通过它们输出的反馈信号使主轴准确地停在规定的位置上。

2. 主轴系统分类及特点

目前，全功能数控机床的主轴传动系统大多采用无级变速。根据控制方式的不同，无级变速系统可分为变频主轴系统和伺服主轴系统两种。这种系统就是通过直流或交流主轴电动机，经过带传动带动主轴旋转，或通过带传动和主轴箱内的减速齿轮（以获得更大的转矩）带动主轴旋转。另外，根据主轴速度控制信号的不同，可分为模拟量控制的主轴驱动装置和串行数字控制的主轴驱动装置两类。模拟量控制的主轴电动机转速的控制方式通常有两种：一是通用变频器控制通用电动机；二是专用变频器控制专用电动机。目前，大部分的经济型机床均采用变频主轴，即数控系统模拟量输出+变频器+异步电动机的形式，其性价比很高。伺服主轴驱动装置一般由各数控公司自行研制并生产，如日本发那科公司的α系列、西门子公司的611系列等。

（1）笼型异步电动机配齿轮变速箱　这种主轴配置方式最经济，但只能实现有级调速，由于电动机始终工作在额定转速下，经齿轮减速后，主轴在低速下输出力矩大，重切削能力强，非常适合粗加工和半精加工。如果加工的产品对主轴转速没有太高的要求，此配置在数控机床上也能起到很好的效果；它的缺点是噪声比较大，由于电动机工作在工频下，主轴转速范围不大，不适合有色金属和需要频繁变换主轴速度的加工场合；笼型异步电动机配齿轮变速箱如图 4-1 所示。

图 4-1　笼型异步电动机配齿轮变速箱

（2）通用笼型异步电动机配通用变频器　现在通用变频器，除了具有 U/f 曲线调节外，一般还具有无反馈矢量控制功能，会对电动机的低速特性有所改善，再配合两级齿轮变速，基本上可以满足车床低速（100~200r/min）小加工余量的加工，但同样受电动机最高转速的限制。这是目前经济型数控机床比较常用的一种主轴驱动系统。常用的通用交流变频器如图 4-2 所示。

（3）专用变频电动机配通用变频器　中档数控机床主要采用这种配置，主轴传动两档变速甚至仅一档即可实现转速在低速时的重力切削。但是，此配置若应用在加工中心上却并

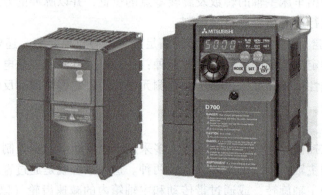

图 4-2　通用交流变频器

不理想。即使采用其他辅助机构能够完成定向换刀的功能，但仍不能达到刚性攻螺纹的要求。

（4）伺服主轴驱动系统　伺服主轴驱动系统具有响应快、速度高、过载能力强的特点，还可以实现定向和进给功能，但其价格往往比较高，通常是同功率变频器主轴驱动系统的 2~3 倍。伺服主轴驱动系统主要应用于全功能机床上，用以满足系统自动换刀、刚性攻螺纹、主轴 C 轴进给功能等对主轴位置控制性能要求很高的加工。主流品牌伺服主轴驱动器如图 4-3 所示。

图 4-3　伺服主轴驱动器

（5）电主轴　电主轴是主轴电动机的一种结构形式，国产电主轴如图 4-4 所示。驱动器可以是变频器或主轴伺服，也可以不要驱动器。电主轴是将电动机和主轴合二为一，没有传动机构，因此，大大简化了主轴的结构，提高了主轴的精度，并且向高速方向发展。目前，电主轴一般在 10000r/min 以上。但是，电主轴抗冲击能力较弱，而且功率还不能做得太大，一般在 10kW 以下。

图 4-4　国产电主轴

目前，安装电主轴的机床主要用于精加工和高速加工，例如高速精密加工中心。

3. 主轴驱动电气系统分析

某数控铣床实训平台如图 4-5 所示，它是参照标准铣床并按照一定比例缩小设计的；该实训平台上所有电压等级与实际的机床是完全相同的；其床身采用钢板焊接；滚轴丝杠传动；机床活动导轨表面采用高频淬火工艺，经久耐用。X、Y、Z 进给轴采用交流伺服电动机驱动，并设有参考点、正负限位等开关；主轴采用通用笼型异步电动机配通用变频器的结构形式，采用三菱 FR-D700 系列通用变频器，其主轴系统变频器电气控制电路如图 4-6 所示。

（1）主轴正、反转控制　系统启动后，通过程序 M03、M04 指令，或者在手动方式下通过按下机床面板上的正转和反转按钮发出主轴正转和反转信号，数控系统通过 PMC 将正反转控制信号输出信号来控制 KA1（主轴正转继电器）、KA2（主轴反转继电器）的通断，向变频器发出信号，实现主轴的正反转，此时的主轴速度是由系统存储的 S 值与机床主轴倍率开关决定的。

图 4-5　某数控铣床实训平台

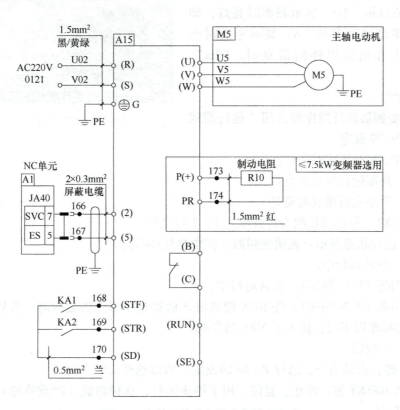

图 4-6　主轴系统变频器电气控制电路

（2）主轴电动机速度控制信号　系统把程序中的 S 指令值与主轴倍率的乘积转换成相应的模拟量电压（0~10V），通过系统接口 JA40 的 7 脚和 5 脚，输送到变频器的模拟量电压频率给定端子 2 与 5 两端，从而实现主轴电动机的速度控制。

（3）变频器故障输出信号　当变频器出现任何故障时，变频器的故障输出端子 B 与 C

发出主轴故障信号给 PMC，本设备主轴变频器故障反馈信号没有应用。

（4）主轴频率到达输出信号　数控机床自动加工时，若系统的主轴速度到达检测功能参数设定为有效，系统执行进给切削指令（如 G01、G02、G03 等）前要进行主轴速度到达信号的检测，即通过变频器输出端反馈给 PMC，PMC 检测到该信号后，切削才开始，否则系统进给指令一直处于待机状态。本设备速度到达信号的检测没有应用。

二、数控机床主轴变频器

1. 三菱 FR-D700 系列主轴变频器

变频器的操作面板由 LED 监视器、按键、M 旋钮、指示灯组成。通过操作面板，可以对变频器进行启动、停止、频率指令、参数设定及监控操作。变频器的型号不同，操作面板功能有一定区别。图 4-7 所示为三菱 FR-D700 变频器配备的操作面板。

该操作面板各个部分的功能介绍如下：

（1）监视器（4 位 LED）　显示频率、参数编号等。

（2）单位显示　Hz：显示频率时亮灯，即显示设定频率监视时闪烁；A：显示电流时亮灯。显示频率和电流以外的信息时，"Hz"、"A"均熄灯。

（3）指示灯

1）三菱变频器运行操作模式用"运行模式选择"参数 Pr.79 设定。

图 4-7　三菱 FR-D700 变频器配备的操作面板

① PU：PU 运行模式时亮灯。

② EXT：外部运行模式时亮灯。

③ NET：网络运行模式时亮灯。

④ PU、EXT：外部/PU 组合运行模式 1、2 时亮灯。

2）RUN 运行状态显示：表明变频器动作中亮灯/闪烁。

① 亮灯：正转运行中。

② 缓慢闪烁（1.4s 循环）：反转运行中。

③ 快速闪烁（0.2s 循环）：按 RUN 键或输入启动指令都无法运行时；有启动指令、频率指令在启动频率以下时；输入了 MRS 信号时。

（4）按键与旋钮

1）RUN 键：启动指令，通过 Pr.40 的设定，可以选择旋转方向。

2）STOP/RESET 键：停止、复位，用于停止运行，保护功能（严重故障）生效时，也可以进行报警复位。

3）MODE 键：用于切换设定模式。

4）SET 键：各设定的确定，用于确定频率和参数的设定。运行中按此键则监视器依次显示运行频率、输出电流、输出电压。

5）PU/EXT 键：运行模式切换，用于切换 PU/外部运行模式。使用外部运行模式（通过另接的频率设定电位器和启动信号启动的运行）时可按此键，使表示运行模式的 EXT 处于亮灯状态。

6）M 旋钮：三菱变频器的旋钮，用于变更频率设定、参数的设定值。按该旋钮可显示的内容有：监视模式时的设定频率；校正时的当前设定值；报警历史模式时的顺序。

2. 三菱变频器的运行模式

变频器的运行必须有"启动指令"和"频率指令"。将启动指令设为 ON 后，电动机便开始运转，同时根据频率指令（给定频率）来决定电动机的转速。所谓运行模式，是指对输入到变频器的"启动指令"和"频率指令"的输入场所的指定。变频器的常见运行模式有面板（PU）运行模式、外部运行模式、组合运行模式和通信模式（又称为网络运行模式）等。运行模式的选择应根据生产过程的控制要求和生产作业的现场条件等因素来确定。三菱变频器的运行操作模式用"运行模式选择"参数 Pr.79 设定，其运行操作模式通常有 7 种，见表 4-1。

表 4-1　运行操作模式

参数编号	名称	初始值	设定范围	内容	
79	运行模式选择	0	0	外部/PU 切换模式，通过 PU/EXT 键可以切换 PU 与外部运行模式；接通电源时为外部运行模式	
			1	固定为 PU 运行模式	
			2	固定为外部运行模式，可以在外部、网络运行模式间切换运行	
			3	外部/PU 组合运行模式 1	
				频率指令	启动指令
				用操作面板、PU（FR-PU04CH/FR-PU07）设定或外部信号输入（多段速设定，端子 4、5 间（AU 信号 ON 时有效））	外部信号输入（端子 STF、STR）
			4	外部/PU 组合运行模式 2	
				频率指令	启动指令
				外部信号输入（端子 2、4、JOG、多段速选择等）	通过操作面板的 RUN 键、PU（FR-PU04 CH/FR-PU07）的 FWD、REV 键来输入
			6	切换模式，可以在保持运行状态的同时，进行 PU 运行、外部运行、网络运行的切换	
			7	外部运行模式（PU 运行互锁）：X12 信号 ON 可切换到 PU 运行模式（外部运行中输出停止）：X12 信号 OFF 禁止切换到 PU 运行模式	

注：Pr.79="3"的频率指令的优先顺序是："多段速运行（RL/RM/RH/REX）>PID 控制（X14）>端子 4 模拟量输入（AU）>在操作面板上进行的数字输入"。与运行模式无关，上述参数在停止状态也能进行变更。

三菱变频器通过改变"运行模式选择"参数 Pr.79 设定值来改变运行模式。三菱变频器常用的运行方法见表 4-2。

表 4-2　三菱变频器常用的运行方法

序号	操作面板显示	运行方法	
		启动指令	频率指令
1	79-1 闪烁 PRM PU 闪烁	RUN	●
2	79-2 闪烁 PRM EXT 闪烁	外部（STF、STR）	模拟量 电压输入
3	79-3 闪烁 PRM PU EXT 闪烁	外部（STF、STR）	●
4	79-4 闪烁 PRM PU EXT 闪烁	RUN	模拟量 电压输入

（1）外部（EXT）/PU 切换模式　一般出厂设定为 Pr.79 = 0（PU/外部切换模式），因此按操作面板上的 PU/EXT 键，运行模式即在 PU 运行模式与外部运行模式之间切换。

（2）面板（PU）运行模式　从变频器本体的操作面板上输入变频器的启动指令和频率指令，称为"PU 运行模式"，又叫作面板运行模式。这种模式不需要外接其他的操作控制信号，可直接在变频器的面板上进行操作，操作面板也可以从变频器上取下来进行远距离操作。可设定"运行操作模式选择"参数 Pr.79 = 1 或 0 来实现 PU 运行模式。面板（PU）运行模式如图 4-8 所示。

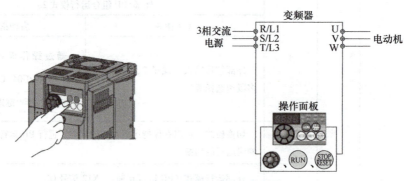

图 4-8　面板（PU）运行模式

（3）外部（EXT）运行模式　外部运行模式通常为出厂设定，这种模式通过外接的启动开关、频率设定电位器等输入变频器的启动指令和频率指令，控制变频器的运行，外部频率设定信号为 0~5V、0~10V 或 4~20mA 的直流信号。启动开关与变频器的正转启动 STF/反转启动 STR 端相连接，频率设定电位器与变频器的端子 10、端子 2、端子 5 相连接，可设定"运行模式选择"参数 Pr.79 = 2 或 0 来实现外部运行模式。外部运行模式如图 4-9 所示。

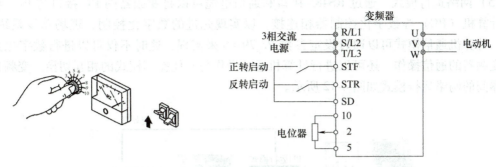

图 4-9　外部运行模式

（4）组合运行模式　PU 和外部组合运行模式可以进行组合操作，此时 Pr.79 = 3 或 4，采用下面两种方法中的一种。

1）启动信号用外部信号设定（通过 STF 或 STR 端子设定），频率信号用 PU 模式操作设定或通过多段速端子 RH、RM、RL 设定。

2）启动信号用 PU 键盘设定，频率信号用外部频率设定电位器或多段速选择端子 RH、RM、RL 设定。PU 和外部组合运行模式 1 如图 4-10 所示，PU 和外部组合运行模式 2 如图 4-11 所示。

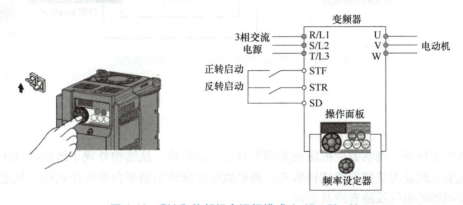

图 4-10　PU 和外部组合运行模式 1（Pr.79 = 3）

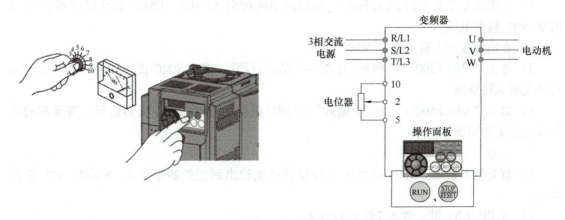

图 4-11　PU 和外部组合运行模式 2（Pr.79 = 4）

(5) 网络运行模式 通过 RS485 接口和通信电缆可以将变频器的 PU 接口与 PLC 和工业用计算机（PC）等数字化控制器相连接，以实现先进的数字化控制、现场总线系统等。其中，计算机通信模式可以通过设定参数 Pr. 79 = 6 来实现，这时不仅可以进行数字化控制器与变频器的通信操作，还可以进行计算机通信操作与其他操作模式的相互切换。变频器与控制器间的网络运行模式如图 4-12 所示。

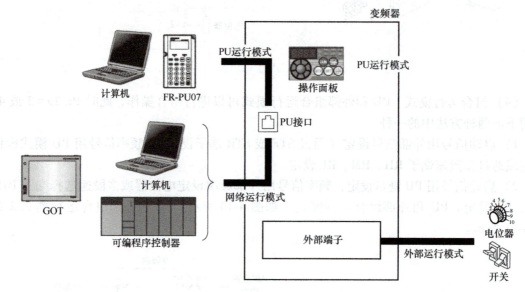

图 4-12 变频器与控制器间的网络运行模式

> **任务实施**

1. 数控机床变频主轴系统认知

在教师指导下，观察数控机床或实训平台的主轴结构，从结构外观了解数控机床通用笼型异步电动机配通用变频器的结构形式；观察数控机床或实训平台电气控制柜，从电气原理上了解变频器的电气线路布线及走向。

2. 用数控系统控制变频器运行

1）首先插上系统上的 JA40 插头［即接通系统输出（SVC1、ES1）到变频器端子 2、5 的 0~10V 模拟电压］。

2）在机床控制面板上选择 MDI 方式。

3）键入 "M03 S500"→"回车/输入"→"循环启动"，观察 PMC 正转信号、变频器的运行及主轴运转情况。

4）键入 "M04 S800"→"回车/输入"→"循环启动"，观察 PMC 反转信号、变频器的运行及主轴运转情况。

3. 用操作面板控制变频器运行

1）首先拔下系统上的 JA40 插头（即断开系统输出到变频器端子 2、5 的 0~10V 模拟电压）。

2）按 PU/EXT 键，进入 PU 运行方式。

3）旋转 M 旋钮显示所需要的频率，闪烁约 5s。

4）在数值闪烁期间按 SET 键设定频率。

5）按 RUN 键启动变频器，观察主轴的旋转情况，按 STOP 键令主轴停止运转。

4. 将 M 旋钮作为电位器使用控制变频器运行

1）首先拔下系统上的 JA40 插头（即断开系统输出到变频器端子 2、5 的 0~10V 模拟电压）。

2）按 PU/EXT 键，进入 PU 运行方式。

3）将 Pr.160 设定为 "0"，Pr.161 变更为 "1"，选择 M 旋钮电位器模式。按 RUN 键运行变频器。

4）旋转 M 旋钮，将值设定为 "50.00"（50Hz），闪烁的值即为设定频率，没必要按 SET 键。观察主轴的旋转，按 STOP 键令主轴停止运转。

5）运行中和停止中都可以通过 M 旋钮来进行频率的设定。

5. 通过使用 RH、RM、RL 端子设定频率控制变频器运行

1）首先拔下系统上的 JA40 插头（即断开系统输出到变频器端子 2、5 的 0~10V 模拟电压）。

2）将 Pr.79 变更为 "4"，【PU】和【EXT】指示灯亮。

3）关于初始值，端子 RH 为 50Hz、RM 为 30Hz、RL 为 10Hz（变更通过 Pr.4、Pr.5、Pr.6 进行）。

4）按 RUN 键运行变频器，无频率指令时【RUN】按钮回快速闪烁。

5）分别将 RH、RM、RL 端子设置为 ON。

6）观察主轴的旋转情况，按 STOP 键令主轴停止运转。

6. 主轴正反转和速度也可用两种方式同时控制

1）正反转由系统控制，速度由变频器面板控制。

2）正反转由系统控制，速度由 M 旋钮作为电位器控制。

3）正反转由系统控制，速度由 RH、RM、RL 端子控制。

4）正反转由 SFT、STR 控制，速度由系统控制等。

➤ 任务总结与评价

序号	项目及技术要求	评分标准	分值	成绩
1	主轴变频器基本参数设定操作	能独立完成变频器基本操作	30 分	
2	主轴变频器多方式运行	能独立完成变频器多方式运行操作	50 分	
3	职业道德规范、安全文明生产、工作纪律及态度	穿工装、绝缘胶鞋进入实训场地；按照指导教师要求和安全操作规范完成任务操作练习。	20 分	

➤ 课后习题

一、填空题

1. 数控机床主轴系统分类有 _____、_____、_____

_____、_____、_____、_____和_____。

2. 三菱变频器的多段速端子有_____、_____和_____。

3. 三菱变频器常用的运行模式有_____、_____、_____、_____和_____。

二、简答题

1. 数控机床对主轴传动的要求有哪些？
2. 简述三菱变频器运行操作模式参数 Pr.79 设定值及内容。

任务 2　主轴伺服系统的故障诊断与维修

▶ **知识目标**

1）掌握数控机床伺服主轴速度参数的计算。
2）掌握数控机床伺服主轴模块的连接。
3）掌握数控机床主轴伺服放大器的通电流程。

▶ **技能目标**

1）会对数控机床的主轴进行连接。
2）会进行数控机床主轴伺服放大器及主轴伺服系统进行维护操作。

▶ **素养目标**

1）培养学生按 7S（整理、整顿、清扫、清洁、素养、安全、节约）标准工作的良好习惯。
2）培养学生具备善于观察，主动学习，能够分析问题、解决问题的能力。

▶ **必备知识**

一、伺服主轴速度参数的计算

FANUC 数控系统主轴控制主要有串行接口（数字接口）交流主轴控制与模拟接口交流主轴控制两种类型，主轴类型是由参数 NO.3716#0 来决定的（参数 NO.3716#0＝0 时为模拟主轴，参数 NO.3716#0＝1 时为串行主轴），主轴控制信号传递图如图 4-13 所示。

主轴速度参数有主轴速度上、下限以及指令电压 10V 时对应的主轴速度。为了增大主轴低速时的转矩和提高主轴高速时的转速，要采用换档结构。选择齿轮档的方法有两种：一种为 M 型，CNC 根据 S 值按每档的速度范围（参数设定）选择齿轮档，换档由 PMC 用档位选择信号（GR30、GR20、GR10）来实现（M 系列有 3 档）。CNC 根据所选的齿轮档输出主轴电动机转速；另一种为 T 型，档位由输入的信号 GR1、GR2（编码信号）来确定，有 4 档转速范围，由机床确定使用的档位。CNC 根据输入的档位输出主轴电动机转速。M 型只用

项目4　主轴驱动系统的故障诊断与维修

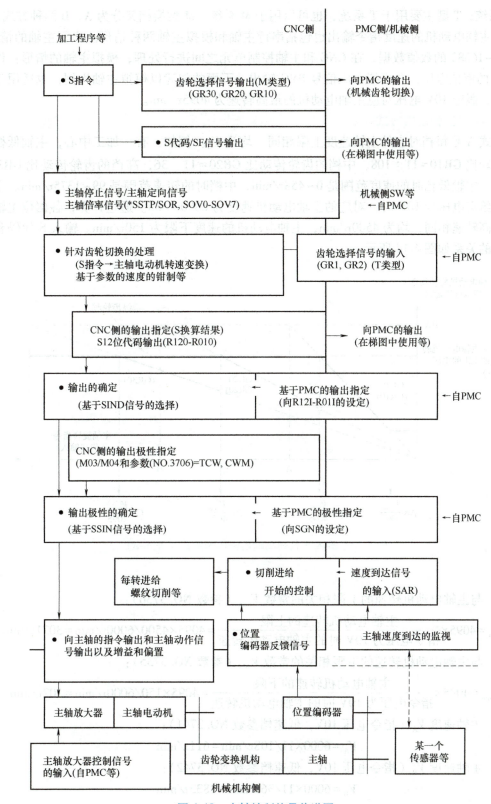

图 4-13　主轴控制信号传递图

于 M 系统；T 型主要用于 T 系统，也可以用于 M 系统；M 型换档又分为 A、B 两种方式。

向主轴电动机的速度指令输出也包括串行主轴和模拟主轴两种情形。串行主轴的情形：作为 0~16383 的数值数据，在 CNC 和主轴控制单元之间进行处理；模拟主轴的情形：作为 0~10V 的模拟电压，向模拟电压信号 SVC 输出。下面的叙述以模拟主轴为例，也适用于串行主轴，假定 10V 电压对应主轴电动机的最高转速为 4095r/min。

1. M 型齿轮换档方式 A

方式 A 是每档对应的主轴速度上限相同，均为 V_C。例如：有一加工中心，主轴低档的齿轮传动比 GR10 = 11∶108，中档的齿轮传动比 GR20 = 11∶36，高档的齿轮传动比 GR30 = 11∶12。主轴低档时的速度范围是 0~458r/min，中档时的转速范围是 99~1375r/min。主轴电动机给定电压为 10V 时，对应的主轴电动机速度为 6000r/min。通过计算，各档位主轴电动机最高转速相同，均为 4500r/min，主轴电动机的速度下限为 150r/min。输入 S 代码和输出电压的关系如图 4-14 所示。

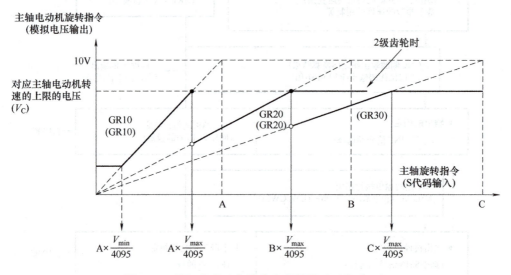

图 4-14 输入 S 代码与输出电压的关系（方式 A）

注：( ) 内表 3 级齿轮时。

1) 与主轴电动机转速的上限相关的常数 V_{max}（参数 NO.3736）：

$$V_{max} = 4095 \times \frac{主轴电动机转速的上限}{指令电压为 10V 时的主轴电动机转速} = 4095 \times 4500/6000 \text{r/min} = 3071 \text{r/min}$$

2) 与主轴电动机转速的下限相关的常数 V_{min}（参数 NO.3735）：

$$V_{min} = 4095 \times \frac{主轴电动机转速的下限}{指令电压为 10V 时的主轴电动机转速} = 4095 \times 150/6000 \text{r/min} = 102 \text{r/min}$$

3) 主轴速度 V_A（指令电压 10V，低速档参数 NO.3741）：

$$V_A = 6000 \times 11/108 \text{r/min} = 611 \text{r/min}$$

4) 主轴速度 V_B（指令电压 10V，低速档参数 NO.3742）：

$$V_B = 6000 \times 11/36 \text{r/min} = 1833 \text{r/min}$$

5) 主轴速度 V_C（指令电压 10V，低速档参数 NO.3743）：

$$V_C = 6000 \times 11/12 \text{r/min} = 5500 \text{r/min}$$

2. M 型齿轮换档方式 B

M 类型齿轮切换方式 B，每档主轴电动机最高转速是不同的，输入 S 代码与输出电压的关系如图 4-15 所示，通过设定参数 SGB（NO.3705#2），即可在其他参数（NO.3751、NO.3752）中设定低速齿轮和高速齿轮的转速切换。使用 3 级齿轮时，即可利用参数（NO.3751、NO.3752）来进行低速齿轮和中速齿轮以及中速齿轮和高速齿轮的切换的转速设定。

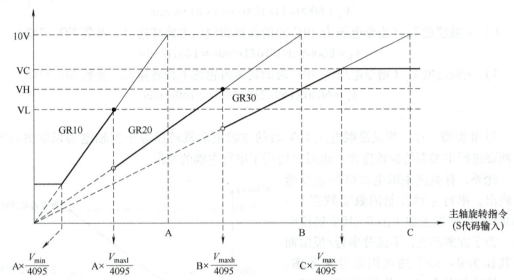

图 4-15　输入 S 代码与输出电压的关系（方式 B）

注：VC—对应向主轴电动机的输出值的上限的电压；VL—低速齿轮中的对应向主轴电动机的输出值的上限的电压；
VH—高速齿轮（3 级齿轮时为中速齿轮）中的对应向主轴电动机的输出值的上限的电压。

例如：某加工中心，主轴低档齿轮传动比 GR10 = 11∶108，中档齿轮传动比 GR20 = 260∶1071，高档齿轮传动比 GR30 = 169∶238。主轴低档的转速范围是 0~401r/min，中档的转速范围是 402~1109r/min，高档的转速范围是 1110~4000r/min。主轴电动机给定电压为 10V 时，对应的主轴电动机转速为 6000r/min，主轴电动机转速的下限为 150r/min。计算可得：

主轴低档时电动机最高转速 = 401r/min × 108/11r/min = 3937r/min

中档时电动机的最高转速 = 1109r/min × 1071/260r/min = 4568r/min

高档时电动机的最高转速 = 4000r/min × 238/169r/min = 5633r/min

三个档位所对应的主轴电动机最高限定速度各不相同，参数设定如下：

1）与主轴电动机转速的上限相关的常数 V_{max}（参数 NO.3736）：

$$V_{max} = 4095 \times \frac{\text{主轴电动机转速的上限}}{\text{指令电压为 10V 时的主轴电动机转速}} = 4095 \times 5633/6000 \text{r/min} = 3844 \text{r/min}$$

2）与主轴电动机转速的下限相关的常数 V_{min}（参数 NO.3735）：

$$V_{min} = 4095 \times \frac{\text{主轴电动机转速的下限}}{\text{指令电压为 10V 时的主轴电动机转速}} = 4095 \times 150/6000 \text{r/min} = 102 \text{r/min}$$

3）与低速齿轮中的主轴电动机转速的上限相关的常数 V_{maxl}（参数 NO.3751）：

$$V_{\text{maxl}} = 4095 \times \frac{\text{低速齿轮中的主轴电动机转速的上限}}{\text{指令电压为 10V 时的主轴电动机转速}} = 4095 \times 3937/6000 \text{r/min} = 2687 \text{r/min}$$

4）高速齿轮（3 级齿轮时为中速齿轮）中的与主轴电动机转速的上限相关的常数 V_{maxh}（参数 NO.3752）：

$$V_{\text{maxh}} = 4095 \times \frac{\text{高速齿轮中的主轴电动机转速的上限}}{\text{指令电压为 10V 时的主轴电动机转速}} = 4095 \times 4568/6000 \text{r/min} = 3118 \text{r/min}$$

5）主轴速度 V_A（指令电压为 10V 时的低速齿轮的主轴转速 A，参数 NO.3741）：

$$V_A = 6000 \times 11/108 \text{r/min} = 611 \text{r/min}$$

6）主轴速度 V_B（指令电压为 10V 时的高速齿轮的主轴转速 B，参数 NO.3742）：

$$V_B = 6000 \times 260/1071 \text{r/min} = 1457 \text{r/min}$$

7）主轴速度 V_C（指令电压为 10V 时的高速齿轮的主轴转速 C，参数 NO.3743）：

$$V_C = 6000 \times 169/238 \text{r/min} = 4260 \text{r/min}$$

3. T 型齿轮换档

与 M 类型一样，假设模拟电压 10V 时的主轴电动机转速等于主轴电动机的最高转速，各档要进行 T 类型的齿轮选择，也可以适用于串行主轴的情形。

此外，有关向主轴电动机的速度指令输出，串行主轴控制的数字数据 0～16383 对应模拟主轴中的 0～10V 模拟电压，为了方便起见，不区分串行/模拟而将其作为 0～4095 的代码信号来考虑。齿轮档选择信号为 2 位编码信号 GR1、GR2，齿轮档编码信号与档位的关系如表 4-3。可以进一步将相对于低速齿轮（G1）的输出电压为 10V 时的主轴转速设定为 $V_A = 1000 \text{r/min}$，相对于高速齿轮（G2）的输出电压为 10V 时的主轴转

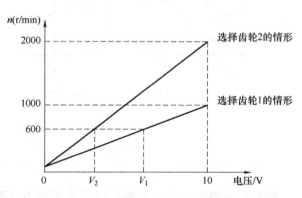

图 4-16 模拟电压与主轴转速的关系

速设定为 $V_B = 2000 \text{r/min}$ 时，在参数（NO.3741～3742）中设定该转速。这种情况下的模拟电压输出将成为图 4-16 所示那样的直线关系。

表 4-3 齿轮档编码信号与档位的关系

齿轮选择信号		档位	最高主轴速度参数
GR1	GR2		
0	0	1	NO.3741
0	1	2	NO.3742
1	0	3	NO.3743
1	1	4	NO.3744

假设设定为 S=600 时，根据 CNC 内部的计算，求出图 4-16 的 V_1（G1 时）或者 V_2（G2

时),并向机械侧输出,即 $V_1=6V$,$V_2=3V$。

输出电压的具体数值通过下式自动计算:

$$V=\frac{10n}{R}$$

式中,R 为输出电压 10V 时的主轴转速;n 为以 S 值设定的主轴转速,这与周速恒定控制的 G97 方式中相同。

二、伺服主轴模块的连接

FANUC α 系列伺服由电源模块(Power Supply Module,简称 PSM)、主轴放大器模块(Spindle amplifier Module,简称 SPM)及伺服放大器模块(Servo amplifier Module,简称 SVM)三部分组成。其中,伺服放大器(驱动器)如图 4-17 所示,连接框图如图 4-18 所示;FANUC 0i Mate-MD/TD 综合接线图(αi 系列伺服放大器+串行主轴)如图 4-19 所示。

图 4-17　αi 系列伺服放大器(驱动器)

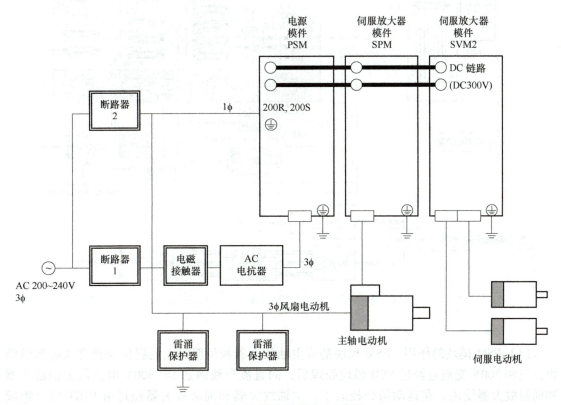

图 4-18　伺服主轴模块连接框图

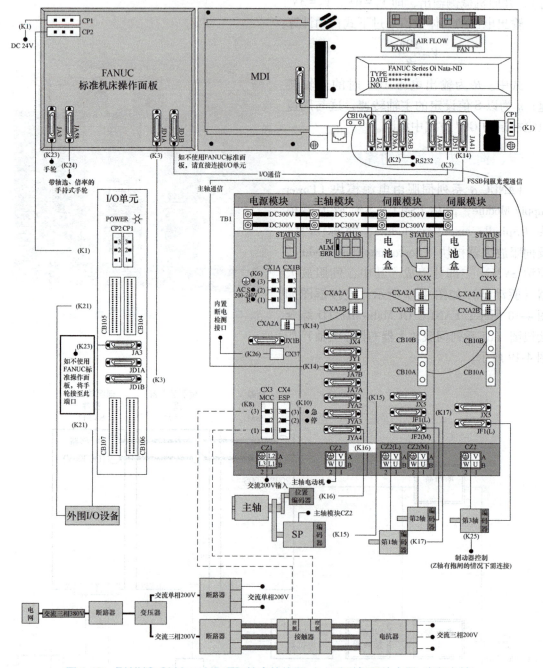

图 4-19 FANUC 0i Mate-MD/TD 综合接线图（αi 系列伺服放大器+串行主轴）

1. PSM 模块（电源模块）

（1）PSM 模块的作用　PSM 模块是为主轴放大器和伺服放大器提供逆变直流电源的模块，三相 200V 交流电经过 PSM 模块处理后，向直流母线输送 DC 300V 电压供主轴放大器和伺服放大器使用。在运动指令控制下，主轴放大器和伺服放大器经过由 IGBT 模块组成的三相逆变电路输出三相变频交流电，控制主轴电动机和伺服电动机按照指令要求的动作运行。另外，PSM 模块还能够提供 DC 24V 电源，并且具有输入保护电路，通过外部急停信号或内部继电器控制 MCC 主接触器，起到输入保护作用。

（2）PSM 模块的型号含义　PSM 模块的型号含义如图 4-20 所示，FANUC 的 α 系列电源模块主要有 PSM、PSMR、PSM-HV、PSMV-HV 四种型号，电源输入电压分为 AC 200V 和 AC 400V 两种规格。

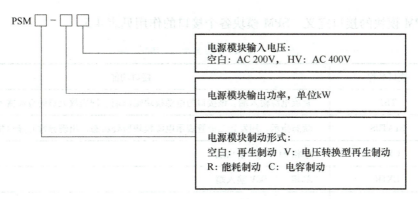

图 4-20　PSM 模块的型号含义

（3）PSM 模块的接口定义　PSM 模块各个接口的作用见表 4-4。

表 4-4　PSM 模块各个接口的作用

序号	接口名称	接口功能
1	TB1	直流电源输出端。该接口与主轴放大器、伺服放大器的直流输入端连接，为主轴放大器、伺服放大器提供 DC 300V 直流电源
2	STATUS	状态指示。用发光二极管表示电源模块所处状态，出现异常时显示相关报警代码
3	CX1A	单相 AC 200V 输入端
4	CX1B	单相 AC 200V 输出端
5	CXA2A	DC 24V 输出接口
6	CXA2B	DC 24V 输入接口。该接口与主轴放大器 CXA2A 接口相连接
7	JX1B	模块连接接口。该接口一般与主轴放大器 JX1A 相连接，作通信用
8	CX3	主接触器控制信号接口。该接口连接主接触器控制信号，控制输入电源模块的三相交流电的通断
9	CX4	急停信号接口，该接口用于连接机床的急停信号，检测伺服就绪信号
10	CZ1（L1、L2、L3）	三相 AC 200V 输入端

（4）PSM 模块外部电源输入电路　来自电网的 AC 380V 电压经过伺服变压器变换成 AC 200V，经过主断路器、主接触器（MCC）触头、交流电抗器给 PSM 模块（L1、L2、L3）供电，同时引出单相 AC 200V 经过副断路器和 CX1A 接口相连接。当主接触器线圈断电时，主接触器触头复位，PSM 模块断电。

2. SPM 模块（主轴放大器模块）

（1）SPM 模块的作用　SPM 模块接收 CNC 发出的串行主轴指令，该指令格式是 FANUC 公司主轴产品通信协议，所以又被称之为 FANUC 数字主轴，与其他公司产品没有兼容性。SPM 模块是根据 CNC 传递指令控制并驱动主轴电动机工作的。

（2）SPM 模块的型号含义　α 系列主轴放大器主要有 SPM、SPMC、SPM-HV 三种类型。

（3）SPM 模块的接口定义　SPM 模块各个接口的作用见表 4-5。

表 4-5　SPM 模块各个接口的作用

序号	接口名称	接口功能
1	TB1	直流电源输入端。该接口与电源模块输出端、伺服放大器的直流输入端连接
2	STATUS	状态指示。用发光二极管表示电源模块所处状态，出现异常时显示相关报警代码
3	CX1A	单相 AC 200V 输出端
4	CX1B	单相 AC 200V 输入端
5	CXA2A	DC 24V 输出接口
6	CXA2B	DC 24V 输入接口。该接口与电源模块 CXA2A 接口相连接
7	JX4	主轴放大器工作状态检查接口
8	JX1A	模块连接接口。该接口一般与电源 JX1B 相连接，作通信用
9	JX1B	模块连接接口。该接口一般与伺服放大器 JX1A 相连接，作通信用
10	JY1	主轴负载功率表和主轴转速表连接接口
11	JA7B	串行主轴输入接口。该接口与 CNC 主板上的 JA41 接口连接或备用
12	JA7A	串行主轴输入接口。该接口与下一个主轴放大器 JA7B 接口连接或备用
13	JY2	电动机脉冲编码器接口。用于接收电动机速度反馈信号
14	JY3	磁感应开关信号接口。数控铣床或加工中心主轴具有定向或准停功能，实现镗孔加工循环指令 G97、G86 或实现刀具的自动更换
15	JY4	位置编码器接口。在主轴转速测量基础上增加了位置编码器，含位置脉冲信号和一转脉冲信号，常用于数控车床的螺纹加工和铣削类机床的刚性攻螺纹
16	JY5	主轴 C_s（C 主轴）轴探头和内置 C_s 轴探头接口
17	CZ2（U、V、W）	三相交流变频电源输出端。该接口与主轴电动机接线端连接

3. SVM 模块（伺服放大器模块）

（1）SVM 模块的作用　要加工出各种形状的工件，达到零件图样要求的尺寸精度、表面粗糙度要求，刀具和工件之间必须按照给定的进给速度、给定的进给方向、一定的切削深度做相对运动。这个相对运动是由一台或几台伺服电动机驱动的。SVM 模块接收从 CNC 控制单元发出的伺服轴的进给运动指令，经过转换和放大后驱动伺服电动机，实现所要求的进给运动。

(2) SVM 模块的型号含义　FANUC 的 α 系列伺服放大器主要有 SVM、SVM-HV 两种类型，其中 SVM 伺服放大器一个模块最多可以驱动三个伺服轴，SVM-HV 伺服放大器一个模块最多可驱动两个伺服轴。

(3) SVM 模块的接口定义　SVM 模块各个接口的作用见表 4-6。

表 4-6　SVM 模块各个接口的作用

序号	接口名称	接口功能
1	STATUS	状态指示。用发光二极管表示电源模块所处状态，出现异常时显示相关报警代码
2	CX5X	绝对位置编码器用锂电池电源接口
3	CXA2A	DC 24V 输出接口。该接口与后级模块 CXA2B 接口连接
4	CXA2B	DC 24V 输入接口。该接口与前级模块 CXA2A 接口连接
5	JX5	检测版用输出接口
6	JX14	接口信号，与前级模块相应接口连接
7	JX1B	接口信号，与后级模块相应接口连接
8	JF1	接第 1 轴伺服电动机脉冲编码器反馈信号
9	JF2	接第 2 轴伺服电动机脉冲编码器反馈信号
10	JF3	接第 3 轴伺服电动机脉冲编码器反馈信号
11	COP10B	通过光缆接 CNC 主板或前级伺服放大器 COP10A 接口
12	COP10A	通过光缆接后级伺服放大器 COP10B 接口
13	CZ2（U、V、W）	三相交流变频电源输出端。该接口与伺服电动机接线端连接

4. 数控系统 I/O Link 设备接口与连接

(1) I/O Link 设备接口类型　FANUC 数控系统 I/O Link 设备接口类型有以下几种：

1) FANUC Oi I/O 模块。在 FANUC Oi-C、Oi-D 数控系统上使用的 I/O 装置为 I/O 模块（单元），I/O 模块输入/输出点数按照要求选用，如 96/64（I/O）。

2) 分线盘用 I/O 模块。由基本模块、扩展模块构成。其中，1 个基本模块最多可以连接 3 个扩展模块，最大输入点数为 96 点，最大输出点数为 64 点。

3) I/O 单元。对于输入、输出点数较多的数控机床，更多的是使用 I/O 单元，输入/输出点数可达到 1024/1024。

(2) I/O Link 设备与外围设备的连接

1) I/O 模块之间的连接。I/O 模块之间通过数据接口按照 JD1A—JD1B 方式实现级连。

2) I/O 模块与开关信号的连接。I/O 模块与机床操作面板、机床强电柜通过分线盘连接。

3) I/O 模块与手轮的连接。I/O 模块 JA3B 接口与手轮相连接。

4) I/O 模块与 β 系列伺服放大器的连接。I/O 模块可以和支持 I/O Link 连接方式的 β 系列伺服放大器连接，对于 FANUC Oi 系列数控系统，最多可以连接 8 个 β 系列伺服放大器。

三、主轴伺服放大器的通电流程

PSM 模块接线图如图 4-21 所示。

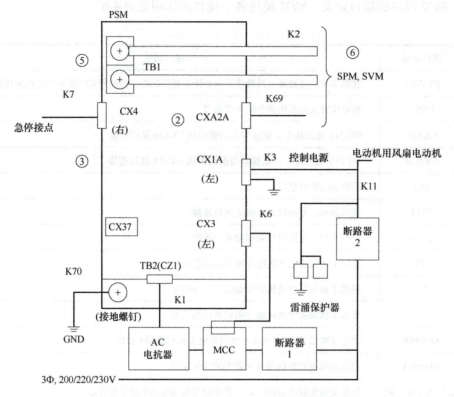

图 4-21　PSM 模块接线图

1）在急停状态下，接通断路器 1、断路器 2 后，向伺服放大器 CX1A 接口控制输入 AC 200V 电压。其中，CX1A 接口控制电源接线图如图 4-22 所示。

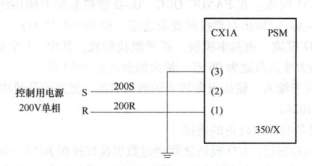

图 4-22　CX1A 接口控制电源接线图

通过 PSM 模块的 AC 200V 引入 DC 24V 作为控制电源。通过 CXA2A、CXA2B 接口，向各个模块供给 DC24V。各个模块将 PSM 供给的 DC 24V 变为 5V 电压，用作控制电压使用。CXA2A 接口与 CXA2B 接口连接引脚定义如图 4-23 所示。

2）CNC 的电源接通，解除急停后，通过 FSSB 光缆发出主接触器（MCC）线圈吸合信号 MCON。同时，通过伺服放大器接口 CX4，解除伺服放大器的急停信号。CX4 接口急停信号接线图如图 4-24 所示。

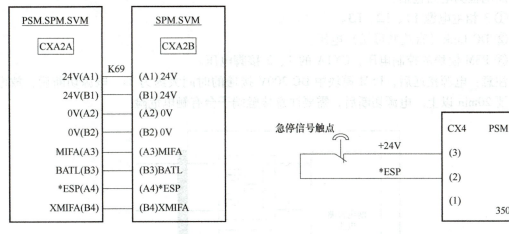

图 4-23　CXA2A 接口与 CXA2B 接口连接引脚定义　　图 4-24　CX4 接口急停信号接线图

3) CX3 接口内部常开触头闭合，使得内部 MCC 线圈吸合，MCC 主触头闭合，从而控制外围的主电路接通，向 PSM 模块输入三相 AC 200V 动力电源。CX3 接口 MCC 接线图如图 4-25 所示，MCC 主电路接线如图 4-26 所示。

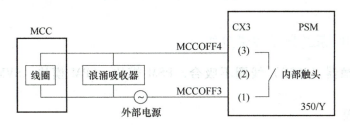

图 4-25　CX3 接口 MCC 接线图

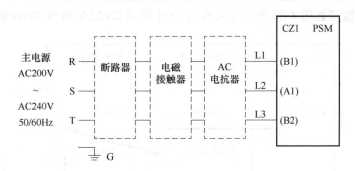

图 4-26　MCC 主电路接线图

4) PSM 模块的端子 TB2/CZ1 输入 AC 200V 动力电源后，经过 PSM 模块内部整流电路整流后，通过 TB1 端子进行 DC 300V 的输出。PSM 模块的接线端子 TB1 与 SPM 模块及 SVM 模块的接线端子 TB1 使用短路棒进行连接，向 SPM 模块、SVM 模块输入 DC 300V 电源。在

PSM 模块中，加入了断电检测电路。其接线端口为 CX37。其中 A1、A3 与 B1、B3 为两组检测电路。输入电压最大值为 30V，最大电流为 200mA。CX37 接口接脚定义如图 4-27 所示。断电检测电路包括：

① 3 相主电源 L1、L2、L3。
② DC Link（直流共母线）电压。
③ PSM 模块的控制电压，CX1A 的 1、2 接脚电压。

注意：电源接通后，PSM 模块中 DC 300V 接通的时间大约为 3s。电源切断后，放电时间需要 20min 以上。电源切断后，需要注意接触端子台有触电危险。

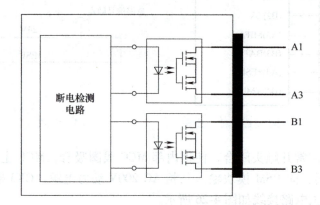

图 4-27　CX37 接口接脚定义

四、主轴伺服系统典型故障分析

实例　主接触器（MCC）线圈不吸合，PSM 模块、SPM 模块、SVM 模块无法上电工作。

故障分析流程：

1）查看是否解除急停信号，检查急停线路连接是否正常。
2）查看有关连接器的连接是否出现问题，确认连接器的连接部位。
① 确认是否按照如图 4-28 所示方式连接 PSM 模块 CXA2A 和 SPM/SVM 模块的 CXA2B。

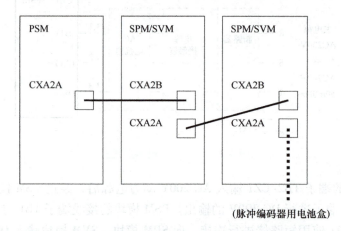

图 4-28　PSM 模块与 PSM 模块及 SPM/SVM 模块的连接

② 查看 PSM 模块 CXA2A 和 SPM/SVM 模块 CXA2B 的接口电缆是否不良，并检查接口电缆是否有故障。

3）查看用于驱动电磁接触器的电源是否接通，并检查线圈两端的电压。

4）查看用于驱动电磁接触器的继电器接触不良，并确定连接器 CX3-1 插脚和 CX3-3 插脚的工作状态，如图 4-29 所示。

5）查看 SPM/SVM 模块或 SPM 模块是否损坏，若损坏则应更换相应模块。

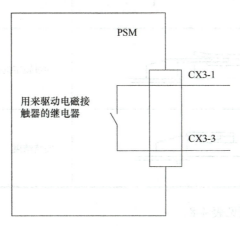

图 4-29　连接器 CX3-1 插脚和 CX3-3 插脚连接

> **任务实施**

1. 数控机床的主轴连接

在教师指导下，按照数控机床强电连接原理图进行数控机床主轴的连接。

2. 主轴伺服放大器定期维护

（1）更换伺服放大器电池　在教师指导下进行伺服放大器电池的更换操作。在插入或拔出连接器时，若施加的力过大，就有可能导致接触不良。因此，在插入或拔出连接器时，避免给连接器施加过大的力。

1）连接器的安装步骤见表 4-7。

表 4-7　连接器的安装步骤

序号	图示	含义
1		确认安装位置
2	小于或等于10°	插入时，将电缆部分略微抬高

（续）

序号	图示	含义
3	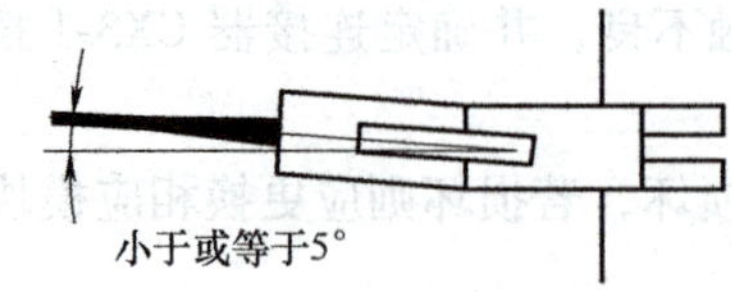 小于或等于5°	此时，水平方向小于等于5°
4	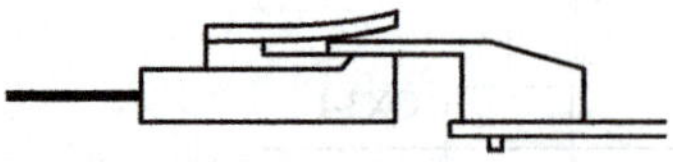	穿过锁定的销钉，笔直插入
5	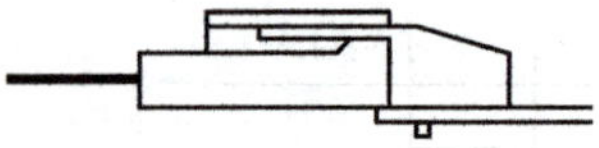	安装结束

2）连接器的拆卸步骤见表4-8。

表4-8　连接器的拆卸步骤

序号	图示	含义
1	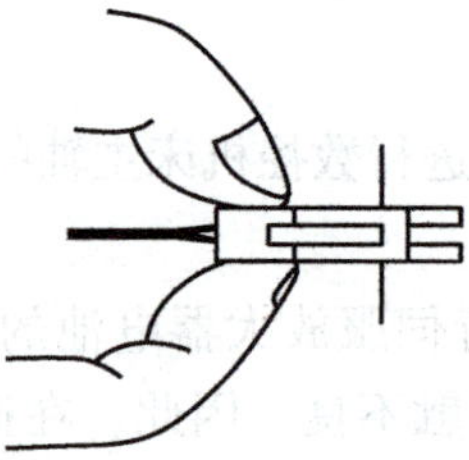	握住电缆绝缘体和电缆，水平拔出
2	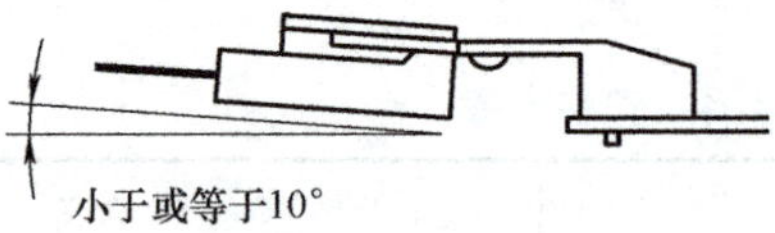 小于或等于10°	电缆应稍微抬起
3	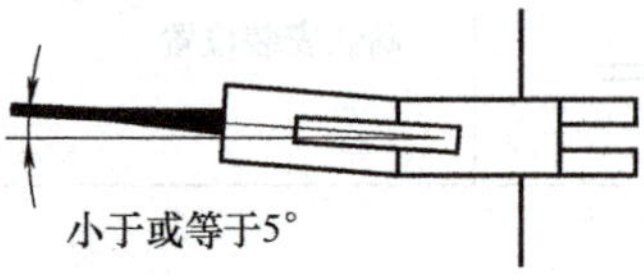 小于或等于5°	此时，水平方向小于或等于5°

（2）伺服放大器定期检查　为了能够实现伺服放大器长期使用，确保设备的高性能、高稳定性，必须实施日常性的维护和检查，见表4-9。

表 4-9　伺服放大器定期检查项目

检查部位	检查项目	检查周期 日常	检查周期 定期	判定基准	备注
环境	环境温度	○		强电盘四周　0~45℃ 强电盘内　0~55℃	
环境	湿度	○		小于或等于90%RH（不应结雾）	
环境	尘埃 油污	○		伺服放大器附近不应粘附有此类物质	
环境	冷却风通道	○		风的流动是否畅通 冷却风扇电动机运行是否正常	
环境	异常振动、响声	○		（1）不应有以前没有的异常响声或者振动 （2）放大器附近的振动应小于或等于0.5G	
环境	电源电压	○		αi 系列：应在200~240V的范围内 αHVi 系列：应在400~480V的范围内	
放大器	整体	○		是否出现异常响声和异常气味	
放大器	整体	○		是否粘附有尘埃、油污 是否出现异常响声和异常气味	
放大器	螺丝		○	螺丝是否有松动	
放大器	风扇电机	○		（1）运转是否正常 （2）不应有异常振动、响声 （3）不应粘附有尘埃、油污	（*1）
放大器	连接器		○	是否有松动	
放大器	电缆		○	（1）是否有发热迹象 （2）包覆是否出现老化（变色或者裂纹）	
外围设备	电磁接触器		○	不应出现异响以及颤动	
外围设备	剩余电流断路器		○	漏电跳闸装置应正常工作	
外围设备	AC 电抗器		○	不应有嗡嗡声响	

3. 数控机床主轴伺服系统故障维修

在教师的指导下进行数控机床主轴伺服系统故障分析及故障维修。

以 749 号报警（串行主轴通信错误）的处理为例，主板和串行主轴间电缆连接不良的原因可能有以下几点：

1）存储器或主轴模板不良。

2）主板和主轴放大器模块间电缆断线或松开。

3）主轴放大器模块不良。

➢ 任务总结与评价

序号	项目及技术要求	评分标准	分值	成绩
1	主轴伺服系统电气连接	能安装主轴电气原理图完成主轴伺服系统电气连接	50 分	
2	伺服放大器电池更换	能独立完成伺服放大器电池更换	30 分	
3	职业道德规范、安全文明生产、工作纪律及态度	穿工装、绝缘胶鞋进入实训场地；按照指导教师要求和安全操作规范完成任务操作练习	20 分	

➢ 课后习题

一、填空题

1. FANUC 数控系统主轴控制主要有_____和_____两种类型。
2. FANUC 数控系统主轴控制调速齿轮档的方法有_____和_____两种。
3. FANUC α 系列伺服系统由_____、_____和_____三部分组成。

二、简答题

1. 简述 FANUC 的 α 系列伺服系统各个模块的功能。
2. 简述 FANUC 数控系统主轴调速的原理。

任务 3 其他主轴驱动系统的故障诊断方法

➢ 知识目标

1）了解变频器常见的故障形式。
2）掌握变频器常见故障的排除方法。
3）掌握变频器常见的故障现象。

➢ 技能目标

1）会对变频主轴系统故障进行分析。
2）会排除变频主轴系统故障。

➢ 素养目标

1）培养学生按 7S（整理、整顿、清扫、清洁、素养、安全、节约）标准工作的良好习惯。
2）培养学生具备善于观察，主动学习，能够分析问题、解决问题的能力。

项目4 主轴驱动系统的故障诊断与维修

> **必备知识**

一、通用变频器常用报警及保护

为了保证驱动器安全、可靠地运行，在主轴伺服系统出现故障和异常情况时，设置了较多的保护功能，这些保护功能与主轴驱动器的故障检测与维修密切相关。当驱动器出现故障时，可以根据保护功能的具体情况，分析故障原因。

（1）接地保护　在伺服驱动器的输出线路以及主轴内部等出现对地短路时，可以通过快速熔断器切断电源，对驱动器进行保护。

（2）过载保护　当驱动器负载超过额定值时，安装在内部的热开关或主电路中的热继电器将动作，对过载进行保护。

（3）速度偏差过大报警　当主轴的速度由于某种原因，偏离了指定速度且达到一定的误差后，将产生报警，并进行保护。

（4）瞬时过电流报警　当驱动器中由于内部短路、输出短路等原因产生异常的大电流时，驱动器将发出报警并进行保护。

（5）速度检测回路断线或短路报警　当测速发电动机出现信号断线或短路时，驱动器将产生报警并进行保护。

（6）速度超过报警　当检测出的主轴转速超过额定值的 115%，驱动器将产生报警并进行保护。

（7）励磁监控　如果主轴励磁电流过低或无励磁电流，为防止飞车，驱动器将产生报警并进行保护。

（8）短路保护　当主电路发生短路时，驱动器可以通过相应的快速熔断器进行保护。

（9）相序报警　当三相输入电压源相序不正确或断相状态时，驱动器将产生报警信号。

驱动出现保护性的故障时（也称为报警），首先通过驱动器自身的指示灯以报警的形式反映报警信息，具体说明见表 4-10。

表 4-10　驱动器报警说明

报警名称	报警时 LED 显示	动作内容
对地短路	对地短路故障	检测到变频器输出电路对地短路时动作（一般远大于 30kW）。而对小于 22kW 变频器发生对地短路时，作为对电流保护动作。此功能只是保护变频器，为保护人身和防止火警事故等应采取另外的漏电保护继电器或剩余电流断路器等进行保护
过电压	加速时过电压	由于再生电流增加，使主电路直流电压达到过电压检出值（有些变频器为 DC 800V）时，保护功能动作。但是，如果由于变频器输入侧错误地输入控制电路电压值时，将不能显示报警
	减速时过电流	
	恒速时过电流	
欠电压	欠电压	电源电压降低等使主电路直流电压低至欠电压检出值（DC 400V）以下时，保护功能动作。注意：当电压低至不能维持变频器控制电路电压值时，将不显示报警

(续)

报警名称	报警时 LED 显示	动作内容
电源断相	电源断相	连接的三相输入电源 L1/R、L2/S、L3/T 中任何一相缺少时，有的变频器能在三相电压不平衡状态下运行，但可能造成某些器件（如：主电路整流二极管和主滤波电容器）损坏，这种情况下，变频器会报警和停止运行
过热	散热片过热	如内部的冷却风扇发生故障，散热片温度上升，则产生保护动作
过热	变频器内部过热	如变频器内通风散热不良等，则其内部温度上升，保护动作
过热	制动电阻过热	当制动电阻使用频率过高时，会使其温度上升，为防止制动电阻烧损（有时会有"叭"的很大爆响声），保护动作
外部报警	外部报警	当控制电路端子连接控制单元、制动电阻、外部热继电器等外部设备的报警常闭触点时，按这些触点的信号动作
过载	电动机过负载	当电动机所拖动的负载过大使超过电子热继电器的电流超过设定值时，按反时限性保护动作
过载	变频机过负载	此报警一般为变频器主电路半导体器件的温度保护，按变频器输出电流超过过载额定值时保护动作
通信错误	RS 通信错误	当通信时出错，则保护动作

二、通用变频器常见故障及处理方法（见表 4-11）

表 4-11 通用变频器常见故障及处理

故障现象	发生时的工作状况	处理方法
电动机不转	变频器输出端子 U、V、W 不能提供电源	电源是否已提供给端子
电动机不转	变频器输出端子 U、V、W 不能提供电源	运行命令是否有效
电动机不转	变频器输出端子 U、V、W 不能提供电源	RS（复位）功能或自由运行停车功能是否处于开启状态
电动机不转	负载过重	电动机负载是否过重
电动机不转	任选远程操作器被使用	确保其操作设定正确
电动机反转	输出端子 U/T1、V/T2 和 W/T3 的连接是否正确	使电动机的相序与端子连接相对应，通常来说：正转（FWD）= U-V-W 和反转（REV）= U-W-V
电动机反转	电动机正反转的相序是否与 U/T1、V/T2 和 W/T3 相对应	使电动机的相序与端子连接相对应，通常来说：正转（FWD）= U-V-W 和反转（REV）= U-W-V
电动机反转	控制端子（FW）和（RV）连线是否正确	端子（FW）用于正转，（RV）用于反转
电动机转速不能到达额定转速	如果使用模拟输入，电流或电压为"O"或"OI"	检查连线
电动机转速不能到达额定转速	如果使用模拟输入，电流或电压为"O"或"OI"	检查电位器或信号发生器
电动机转速不能到达额定转速	负载太重	减少负载
电动机转速不能到达额定转速	负载太重	重负载激活了过载限定（根据需要不要此过载输出）
转动不稳定	负载波动过大	增加电动机功率（变频器及电动机）
转动不稳定	电源不稳定	解决电源问题
转动不稳定	该现象只是出现在某一特定频率下	稍微改变输出频率，使用调频设定将此有问题的频率跳过

项目4 主轴驱动系统的故障诊断与维修

（续）

故障现象	发生时的工作状况	处理方法
产生过电流	加速中过电流	检查电动机是否短路或局部短路，输出线绝缘是否良好
		延长加速时间
		变频器配置不合理，增大变频器容量
		减低转矩提升设定值
	恒速中过流	检查电动机是否短路或局部短路，输出线绝缘是否良好
		检查电动机是否堵转，机械负载是否有突变
		变频器容量是否太小，增大变频器容量
		电网电压是否有突变
	减速中或停车时过流	输出连线绝缘是否良好，电动机是否有短路现象
		延长减速时间
		更换容量较大的变频器
		直流制动量太大，减少直流制动量
		机械故障，送厂维修
短路	对地短路	检查电动机连线是否有短路
		检查输出线绝缘是否良好
		送修
过电压	停车中过电压	延长减速时间，或加装刹车电阻
	加速中过电压	改善电网电压，检查是否有突变电压产生
	恒速中过电压	
	减速中过电压	
低压		检查输入电压是否正常
		检查负载是否有突变
		是否断相
变频器过热		检查风扇是否堵转，散热片是否有异物
		环境温度是否正常
		通风空间是否足够，空气是否能对流
变频器过载	连续超负载150%达到1min以上	检查变频器容量是否配小，否则加大容量
		检查机械负载是否有卡死现象
		U/f 曲线设定不良，重新设定
电动机过载	连续超负载150%达到1min以上	机械负载是否有突变
		电动机配用太小
		电动机发热绝缘变差
		电压是否波动较大
		是否存在断相
		机械负载增大

(续)

故障现象	发生时的工作状况	处理方法
电动机过转矩		机械负载是否有波动
		电动机配置是否偏小

说明：

1）电源电压过高。变频器一般允许电源电压向上波动的范围是+10%，超过此范围时，就要进行保护。

2）降速过快。如果将减速时间设定过短，在生产机械制动过程中，制动电阻来不及将能量放掉，致使直流回路电压过高，形成高电压。

3）电源电压低于额定值电压10%。

4）过电流可分为非短路性过电流和短路性过电流。非短路性过电流可能发生在严重过载或加快过快；短路性过电流可能发生在负载侧短路或负载侧接地。另外，如果变频器逆变桥同一桥臂的上下两晶体管同时导通，形成"直通"。因为变频器在运行时，同一桥臂的上下两晶体管总是处于交替接通状态，在交替导通的过程中，必须保证只有在一只晶体管完全截止后，另一只晶体管才能开始导通。如果由于某种原因，如环境温度过高等，使之器件参数发生漂移，就可能导致直通现象的产生。

三、通用变频器故障维修实例

案例1 变频器出现过电压报警的维修。

故障现象：某数控车床的主轴驱动采用三菱公司的E540变频器，在加工过程中，变频器出现过电压报警。

分析与处理过程：仔细观察机床故障产生的过程，发现故障总是在主轴起动、制动时发生，因此，可以初步确定故障的产生与变频器的加/减速时间设定有关。当加/减速时间设定不当时，如主轴起动/制动频繁或时间设定太短，变频器的加/减速无法在规定时间内完成，则通常容易产生过电压报警。

修改变频器参数，适当增加加/减速时间后，故障得以消除。

案例2 安川变频主轴系统在换刀时出现旋转的故障维修。

故障现象：某数控车床进行换刀动作时，主轴也随之转动。

分析与处理过程：由于该机床采用的是安川变频器控制主轴，主轴转速是通过系统输出的模拟电压控制的。通常情况下，安川变频器对于输入信号的干扰比较敏感，因此初步确认故障原因与线路有关。

为了确认，再次检查了机床的主轴驱动器、刀架控制的原理图与实际接线，可以判定在线路连接、控制上两者相互独立，不存在相互影响。

进一步检查变频器的输入模拟量屏蔽电缆布线与屏蔽线连接，发现该电缆的布线位置与屏蔽线均不合理，将电缆重新布线并对屏蔽线进行重新连接后，故障消失。

➢ 任务实施

某数控机床实训设备，其主轴采用三菱变频器控制三相异步电动机实现无级调速，针对三菱变频主轴出现故障进行分析排除。

1. 变频器异常显示分类

变频器的异常显示大体可以分为以下几种。

（1）错误信息　显示有关操作面板或参数单元（FR PU04 CH/FR PU07）的操作错误或设定错误的信息。变频器不会切断输出。

（2）报警　操作面板显示报警信息时，虽然变频器不会切断输出，但如果不采取处理措施，便可能会引发重大故障。

（3）轻故障　变频器不会切断输出。通过参数设定也可以输出轻故障信号。

（4）重故障　通过启动保护功能来切断变频器输出，并输出异常信号。

2. 变频器异常显示

表 4-12 为变频器异常显示一览表。

表 4-12　变频器异常显示一览表

	操作面板显示	名称		操作面板显示	名称
错误信息	E---	E---	报警历史	重故障	E.THT	E.THT	变频器过载切断（电子过电流保护）
	HOLd	HOLD	操作面板锁定		E.THM	E.THM	电动机过载切断（电子过电流保护）
	LOCd	LOCd	密码设定中		E.FIN	E.FIN	散热片过热
	Er1~Er4	Er1~4	参数写入错误		E.ILF	E.ILF	输入断相
	Err.	Err.	变频器复位中		E.OLT	E.OLT	失速防止
报警	OL	OL	失速防止（过电流）		E.BE	E.BE	制动晶体管异常检测
	oL	oL	失速防止（过电压）		E.GF	E.GF	启动时输出侧接地过电流
	rb	RB	再生制动预报警		E.LF	E.LF	输出缺相
	TH	TH	电子过电流保护预报警		E.OHT	E.OHT	外部热敏继电器动作
	PS	PS	PU 停止		E.PTC	E.PTC	PTC 热敏电阻动作
	MT	MT	维护信号输出		E.PE	E.PE	变频器参数存储元件异常
	UV	UV	电压不足		E.PUE	E.PUE	PU 脱离
轻故障	Fn	FN	风扇故障		E.RET	E.RET	再试次数溢出
重故障	E.OC1	E.OC1	加速时过电流切断		E.CPU	E.CPU	CPU 错误
	E.OC2	E.OC2	恒速时过电流切断		E.CDO	E.CDO	输出电流超过检测值
	E.OC3	E.OC3	减速、停止中过电流切断		E.IOH	E.IOH	浪涌电流抑制电路异常
	E.OV1	E.OV1	加速时再生过电压切断		E.AIE	E.AIE	模拟量输入异常
	E.OV2	E.OV2	恒速时再生过电压切断				
	E.OV3	E.OV3	减速、停止时再生过电压切断				

3. 三菱变频器典型故障原因及其对策

三菱变频器故障有五种类型，以错误信息故障为实例说明其故障显示名称、内容、检查要点、处理故障步骤等。其故障原因及对策见表 4-13。

表 4-13 故障原因及对策

名称	操作面板显示	内容	检查要点	处理
操作面板锁定	HOLd	设定为操作锁定模式。ⓈTOP/RESET 键以外的操作将无法进行	—	按 MODE 键 2s 后操作锁定将解除
密码设定中	LOCd	正在设定密码功能。不能显示或设定参数	—	在 Pr. 297 密码注册/解除中输入密码，解除密码功能后再进行操作
禁止写入错误	Er1	1. Pr. 77 参数写入选择设定为禁止写入的情况下试图进行参数的设定时 2. 频率跳变的设定范围重复时 3. PU 和变频器不能正常通信时	1. 请确认 Pr. 77 参数写入选择的设定值 2. 请确认 Pr. 31~Pr. 36（频率跳变）的设定值 3. 请确认 PU 与变频器的连接	—
运行中写入错误	Er2	在 Pr. 77≠2（任何运行模式下不管运行状态如何都可写入）时的运行中或在 STF（STR）为 ON 时的运行中进行了参数时写入	1. 请确认 Pr. 77 的设定值 2. 是否在运行中	1. 请设置为 Pr. 77=2 2. 请在停止运行后进行参数的设定
校正错误	Er3	模拟量输入的偏置、增益的校正值过于接近时	请确认参数 C3、C4、C6、C7（校正功能）的设定值	—
模式指定错误	Er4	Pr. 77≠2 时在外部、网络运行模式下试图进行参数设定时	1. 运行模式是否为"PU 运行模式" 2. 请确认 Pr. 77 的设定值（参照第 150 页）	1. 请把运行模式切换为"PU 运行模式"后进行参数设定 2. 请设置为 Pr. 77=2 后进行参数设定
变频器复位中	Err.	• 通过 RES 信号、通信以及 PU 发出复位指令时 • 关闭电源后也显示	—	• 请将复位指令置为 OFF

➢ 任务总结与评价

序号	项目及技术要求	评分标准	分值	成绩
1	变频器异常显示	能根据变频器异常显示代码分清楚变频器故障类型	50 分	

(续)

序号	项目及技术要求	评分标准	分值	成绩
2	变频器典型故障排除	能根据变频器显示故障代码分析故障并排除故障	30分	
3	职业道德规范、安全文明生产、工作纪律及态度	穿工装、绝缘胶鞋进入实训场地；按照指导教师要求和安全操作规范完成任务操作练习	20分	

➢ 课后习题

简答题

1. 简述通用变频器常见故障及处理方法。
2. 简述三菱变频器错误信息故障显示代码 ER1～ER4 所表示故障的含义。

项目 5
进给驱动系统的故障诊断与维修

> 学习指南

通过本项目的学习,学生应了解数控装置对进给伺服驱动系统的基本要求,了解数控机床常用的伺服驱动器,理解数控机床进给驱动的基本控制方式,掌握交流伺服进给驱动装置的组成及工作原理,能够识读与绘制进给伺服驱动系统电气控制原理图,能够根据进给伺服驱动系统电气线路原理图进行正确接线。

> 内容结构

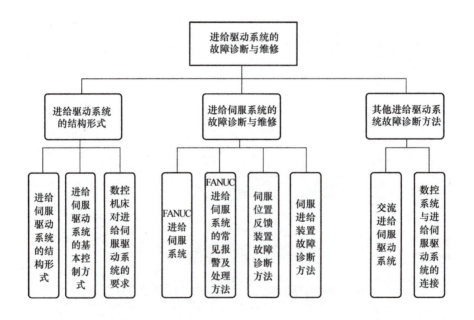

任务 1 进给驱动系统的结构形式

> 知识目标

1) 了解进给伺服驱动系统的结构形式。
2) 掌握数控机床对进给伺服驱动系统的要求。
3) 掌握进给伺服驱动系统的基本控制方式。

> 技能目标

1）熟知数控机床进给驱动系统的构成。
2）会对数控机床进给驱动系统进行操作。

> 素养目标

1）培养学生按 7S（整理、整顿、清扫、清洁、素养、安全、节约）标准工作的良好习惯。
2）培养学生具备善于观察，主动学习，能够分析问题、解决问题的能力。

> 必备知识

一、进给伺服驱动系统的结构形式

进给伺服驱动系统是数控机床的重要组成部分，是以移动部件（如工作台）的位置和速度作为控制量的自动控制系统。其功能是接收数控装置发送的指令信号并经变换和放大后由执行元件（伺服电动机）将其变换为具有一定方向、大小和速度的机械角位移，通过齿轮和丝杠螺母副带动工作台移动，从而实现驱动数控机床各运动部件的进给运动。进给伺服驱动系统的组成一般由控制调节器、功率驱动装置、检测反馈装置和伺服电动机等部分组成。进给伺服驱动系统组成框图如图 5-1 所示。

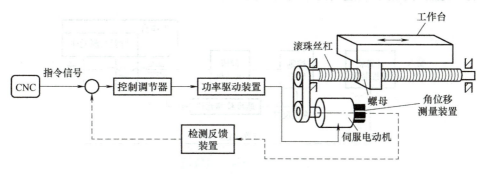

图 5-1　进给伺服驱动系统组成框图

二、进给伺服驱动系统的基本控制方式

数控机床进给伺服驱动系统按照对被控量有无检测装置可分为开环控制系统和闭环控制系统两种。在闭环控制系统中，根据检测装置安放部位的不同，又分为全闭环控制系统和半闭环控制系统两种。

（1）开环控制系统　图 5-2 所示为典型的开环控制系统，控制系统中没有检测反馈装置。数控装置将工件加工程序处理后，发出指令脉冲（又称为进给脉冲），经驱动电路功率放大后，驱动步进电动机转动，再经传动机构带动工作台移动。由图 5-2 可见，指令信息单方向传送，并且指令发出后，不再反馈回来，故称为开环控制系统。开环控制系统广泛应用于经济型数控机床中。

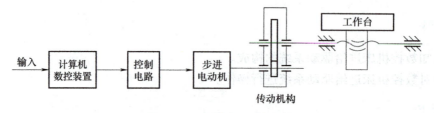

图 5-2 开环控制系统框图

开环控制系统的主要特点是：

1) 由于数控机床的开环控制系统不带位置检测反馈装置，不检测运动的实际位置，因此系统的精度比较低。其精度主要取决于步进电动机和传动机构的精度。

2) 驱动元件一般采用步进电动机，通过改变进给脉冲的数目和频率，可以改变步进电动机的转数和转速，从而改变工作台的位移量和速度。

3) 开环控制系统结构简单，调试方便，容易维修，成本较低，但因其加工精度较低，目前应用已不多。

(2) 全闭环控制系统　图5-3所示为全闭环控制系统，通过安装在工作台上的位置检测元件将工作台实际位移量反馈到计算机中，与所给定的位置指令进行比较，用比较的差值进行控制，直到差值消除为止。闭环控制系统可以消除机械传动部件的各种误差和工件加工过程中产生的干扰影响，从而使加工精度大大提高。速度检测元件的作用是将伺服电动机的实际转速变换成电信号送到速度控制电路中，进行反馈校正，使电动机转速保持稳定。全闭环控制系统广泛应用于加工精度高的精密型数控机床中。

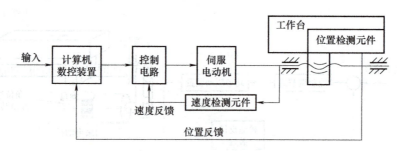

图 5-3　全闭环控制系统框图

全闭环控制系统的主要特点是：

1) 数控机床的闭环控制系统，一般在工作台上安装位置检测反馈装置（目前，一般采用光栅尺），其控制精度很高。

2) 驱动元件一般采用直流伺服电动机或交流伺服电动机；速度检测元件一般常用测速发电动机。

3) 闭环控制系统调试和维修比较复杂，成本也较高。如果不是精度要求很高的数控机床，一般不采用这种控制方式。

(3) 半闭环控制系统　图5-4所示为半闭环控制系统框图，位置检测元件不是直接检测工作台的位移量，而是采用转角位移检测元件，测量出伺服电动机或丝杠的转角，推算出工作台的实际位移量，反馈到计算机中进行位置比较，用比较的差值进行控制。由于此反馈环内不包括丝杠、螺母副及工作台，故称为半闭环控制系统。半闭环控制系统应用比较普遍。

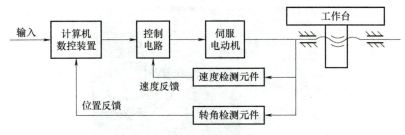

图 5-4 半闭环控制系统框图

半闭环控制系统的主要特点是:

1) 数控机床的半闭环控制系统是在电动机的端头或丝杠的端头安装位置检测元件（目前，一般采用光电编码器）。

2) 驱动元件一般采用直流伺服电动机或交流伺服电动机。

3) 控制精度较闭环控制系统差，但稳定性好，成本也比较低，调试维修相对容易，并兼顾了开环控制系统和闭环控制系统两者的特点，因此应用比较普遍。

三、数控机床对进给伺服驱动系统的要求

(1) 位置精度要高　位置精度主要包括静态、动态和灵敏度。静态（尺寸精度）：定位精度和重复定位精度要高，即定位误差和重复定位误差要小；动态（轮廓精度）：跟随精度，这是动态性能指标，用跟随误差来表示；灵敏度要高，有足够高的分辨率。

(2) 响应速度要快　加工过程中，进给伺服驱动系统跟踪指令信号的速度要快，过渡时间要短，一般应在几十毫秒以内，而且无超调，这样跟随误差很小，否则对机械部件不利，有害于加工质量。

(3) 调速范围要宽　为保证在任何切削条件下都能获得最佳的切削速度，要求进给伺服驱动系统必须提供较大的调速范围，一般调速范围应达到 1∶2000。现有的高性能进给伺服驱动系统已具备无级调速，且调速范围在 1∶10000 以上。

(4) 工作稳定性要好　工作稳定性是指伺服系统在突变指令信号或外界干扰的作用下，能够快速地达到新平衡状态或恢复原有平衡状态的能力。工作稳定性越好，机床运动平稳性越高，工件的加工质量就越好。

(5) 低速转矩要大　在切削加工中，粗加工一般要求低进给速度、大切削量，为此，要求进给伺服驱动系统在低速进给时输出足够大的转矩，提供良好的切削能力。

➢ 任务实施

1. 进给伺服驱动系统认知

某数控车床实训设备半实物仿真模型放置在台体上，如图 5-5 所示，它是参照标准车床的尺寸按照一定比例缩小设计的；半实物机床上所有电压等级与实际机床完全相同；半实物机床的床身采用钢板焊接；滚轴丝杠传动；机床活动导轨表面采用高频淬火工艺，经久耐用。X、Z 进给轴采用交流伺服电动机驱动，X、Z 轴采用伺服电动机配置绝对位置编码器，功率大于 0.5kW；Z 轴采用增量编码器、带抱闸，功率也大于 0.5kW，设有参考点、正负限位开关等，主轴由三菱变频器驱动三相异步电动机。

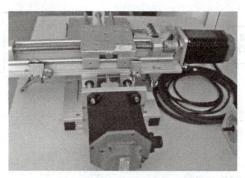

图 5-5 进给伺服系统电动机模型

2. 进给伺服驱动系统操作演示

在指导教师指导下,进行数控机床控制面板进给轴操作,通过手轮方式、手动方式分别控制 X、Z 进给轴进行移动进给操作。

➤ 任务总结与评价

序号	项目及技术要求	评分标准	分值	成绩
1	进给伺服驱动系统认知	能对数控机床进给伺服驱动系统各个组成部分准确认知	50 分	
2	进给伺服驱动系统操作	能对数控机床进给伺服驱动系统进行操作	30 分	
3	职业道德规范、安全文明生产、工作纪律及态度	穿工装、绝缘胶鞋进入实训场地;按照指导教师要求和安全操作规范完成任务操作练习	20 分	

➤ 课后习题

一、填空题

1. 进给伺服驱动系统的组成一般由 _____、_____、_____ 和 _____ 四部分组成。
2. 数控机床进给伺服驱动系统按照对被控量有无检测装置可分为 _____、_____ 和 _____ 三种类型。

二、简答题

1. 简述进给伺服驱动系统的三种基本控制方式的区别。
2. 简述数控机床对进给伺服驱动系统的要求。

任务 2　进给伺服系统的故障诊断与维修

➤ 知识目标

1) 了解 FANUC 进给伺服系统的构成。
2) 掌握 FANUC 进给伺服系统的常见报警与处理方法。

3）掌握伺服位置反馈装置的故障诊断方法。
4）掌握伺服进给装置的故障诊断方法。

> **技能目标**

1）熟悉伺服进给装置故障诊断的操作步骤。
2）会对进给伺服系统的故障进行诊断与维修。

> **素养目标**

1）培养学生按 7S（整理、整顿、清扫、清洁、素养、安全、节约）标准工作的良好习惯。
2）培养学生具备善于观察，主动学习，能够分析问题、解决问题的能力。

> **必备知识**

一、FANUC 进给伺服系统

通过 FANUC 高速串行伺服总线（FSSB），使用一条光缆将数控系统和多个进给伺服放大器（β i/α i 系列）连接起来。进给伺服电动机使用 β is/α is 系列交流伺服电动机。FANUC Oi-TD 最多可接 4 个进给轴电动机（Oi Mate-TD 最多可接 3 个）。伺服放大器有单轴型和多轴型两种。放大器本身是逆变器和功率放大器，位置控制部分在 CNC 单元内。β i 系列放大器是伺服电动机和主轴电动机一体化的驱动器，体积结构紧凑，价格实惠。

伺服电动机上装有脉冲编码器，β is 电动机为 130000 脉冲/转；α is 电动机标配为 1000000 脉冲/转（当 CNC 有纳米插补功能时，需配 16000000 脉冲/转的）。编码器既用作速度反馈，又用作位置反馈。用圆编码器作位置反馈的系统称为半闭环控制系统。该系统还支持使用光栅尺的全闭环控制。位置检测器可用增量式或绝对式编码器。

二、FANUC 进给伺服系统的常见报警及处理方法

（1）进给伺服系统出错报警故障 这类故障大多数是由速度控制单元方面的故障引起的，或是主控制电路板与位置控制或伺服信号有关部分的故障。速度控制单元状态指示灯的含义见表 5-1。

表 5-1 速度控制单元状态指示灯的含义

代号	含义	备注	代号	含义	备注
BRK	驱动器主电路熔断器跳闸	红色	TGLS	转速太高	红色
HCAL	驱动器过电流报警	红色	DCAL	直流母线过电压报警	红色
HVAL	驱动器过电压报警	红色	PRAY	位置控制准备好	绿色
OVC	驱动器过载报警	红色	VRDY	速度控制单元准备好	绿色
LVAL	驱动器欠电压报警	红色			

（2）检测元件或检测信号方面引起的故障 例如：某数控机床显示"主轴编码器断线"，

引起的原因有：

1）电动机动力线断线。如果伺服电源刚接通，尚未接到任何指令时，就会发生这种报警，由于断线而造成故障的可能性是最大的。

2）伺服单元印制电路板设定错误，如将检测元件脉冲编码器错误设定为测速发电动机等。

3）没有速度反馈电压或时有时无，这时可用显示其测量速度的反馈信号来判断，这类故障除检测元件本身存在故障外，大多数是由于连接不良或接通不良引起的。

4）由于光电隔离板或中间的某些电路板上劣质元器件所引起的。当有时开机运行相当长一段时间后，出现"主轴编码器断线"，这时重新开机，可能会自动消除故障。

（3）"参数被破坏"报警（见表5-2）

表5-2 "参数被破坏"报警

报警内容	报警发生情况	可能原因	处理措施
参数破坏	在接通控制电源时发生	正在设定参数时电源断开	进行用户参数初始化后重新输入参数
		正在写入参数时电源断开	
		超出参数的写入次数	更换伺服驱动器
		伺服驱动 EEPROM 以及外围电路故障	更换伺服驱动器
参数设定异常		装入了设定不适当的参数	执行用户参数初始化处理

（4）"主电路检测部分异常"报警（见表5-3）

表5-3 "主电路检测部分异常"报警

报警内容	报警发生情况	可能原因	处理措施
主电路检测部分异常	在接通控制电源时或者运行过程中发生	控制电源不稳定	将电源恢复正常
		伺服驱动器故障	更换伺服驱动器

（5）"超速"报警（见表5-4）

表5-4 "超速"报警

报警内容	报警发生情况	可能原因	处理措施
超速	接通控制电源时发生	电路板故障	更换伺服驱动器
		电动机编码器故障	更换编码器
	电动机运转过程中发生	速度标定设定不合适	重设定速度参数
		速度指令过大	使速度指令减到规定范围
		电动机编码器信号线故障	重新布线
		电动机编码器故障	更换编码器
	电动机起动时发生	超跳过大	重设伺服跳闸使起动特性曲线变缓
		负载惯量过大	伺服在惯量减到规定范围

(6)"限位动作"报警（见表5-5）

表5-5 "限位动作"报警

报警发生状况	可能原因	处理措施
限位开关动作	控制轴超程	参照机床说明书进行超程解除
	限位开关开路	依次检查限位电路，处理电路开路故障

(7)过热报警（见表5-6）

表5-6 过热报警

过热具体表现		可能原因	处理措施
过热	过热继电器动作	机床切削条件苛刻	重新考虑切削参数，改善切削条件
		机床摩擦力矩过大	改善机床润滑条件
	热控开关动作	伺服电动机电枢绕组内部短路	更换伺服电动机
		电动机制动器不良	更换制动器
		电动机永久磁钢去磁或脱落	更换电动机
	电动机过热	驱动器参数增益不当	重新设置相应参数
		驱动器与电动机配合不当	重新考虑配合条件
		电动机轴承故障	更换轴承
		驱动器故障	更换驱动器

(8)电动机过载报警（见表5-7）

表5-7 电动机过载报警

报警内容	报警发生情况	可能原因	处理措施
电动机过载	在接通控制电源时发生	伺服单元故障	更换伺服单元
	在伺服ON时发生	电动机配线异常	修正电动机配线
		编码器配线异常	修正编码器配线
		编码器有故障	更换编码器
		伺服单元故障	更换伺服单元
	在输入指令时伺服电动机不转的情况下发生	电动机配线异常	修正电动机配线
		编码器配线异常	修正编码器配线
		起动转矩超过最大转矩或者负载有冲击现象；电动机振动或抖动	重新考虑负载条件、运行条件或者电动机功率
		伺服单元故障	更换伺服单元
	在通常运行时发生	有效转矩超过额定转矩或者起动转矩大幅度超过额定转矩	重新考虑负载条件、运行条件或者电动机功率
		伺服单元存储盘温度高	将工作温度下调
		伺服单元故障	更换伺服单元

(9) 伺服单元过电流报警（见表 5-8）

表 5-8　伺服单元过电流报警

报警内容	报警发生情况		可能原因	处理措施
过电流	在接通控制电源时发生		伺服驱动器电路板与热开关连接不良	更换驱动器
			伺服驱动器电路板故障	
	在接通主电路电源时或者在电动机运行过程中产生过电流	接线错误	U、V、W 与地线连接错误	检查配线，正确连接
			地线接在其他端子上	
			电动机 U、V、W 与地线短路	修正或更换电动机主电路用线
			电动机 U、V、W 之间短路	
			再生电阻配线错误	检查配线，正确连接
			驱动器 U、V、W 与地线短路	更换驱动器
			驱动器故障	
			伺服电动机 U、V、W 与地线短路	更换伺服单元
			伺服电动机 U、V、W 之间短路	
		其他原因	因负载转动惯量过大	更换驱动器
			位置速速指令发生剧烈变化	重新评估指令值
			负载是否过大	重新考虑负载条件，运行条件
			伺服驱动器的安装方法不合适	伺服驱动器温度降到 55℃ 以下

(10) 伺服单元过电压报警（见表 5-9）

表 5-9　伺服单元过电压报警

报警内容	报警发生情况	可能原因	处理措施
过电压	在接通控制电源时发生	伺服驱动器电路板故障	更换伺服驱动器
	在接通主电源时发生	AC 电源电压过大	将 AC 电压调到正常范围
		伺服驱动器故障	更换伺服驱动器
	在通常运行时发生	检查 AC 电源电压	—
		使用转速高，负载转动惯量大	检查并调整负载条件、运行条件
		内部或外接的再生放电电路故障	最好是更换伺服驱动器
		伺服驱动器故障	更换伺服驱动器
	在伺服电动机减速时发生	使用转速高，负载转动惯量大	检查并调整负载条件、运行条件
		加减速时间过小，在降速过程中引起过电压	调整加减速时间常数

（11）伺服单元欠电压报警（见表5-10）

表5-10　伺服单元欠电压报警

报警内容	报警发生情况	可能原因	处理措施
欠电压	在接通控制电源时发生	伺服驱动器电路板故障	更换伺服驱动器
		电源容量太小	更换容量大的驱动电源
	在接通主电路电源时发生	AC电源电压过低	将AC电源电压调到正常范围
		伺服驱动器的熔丝熔断	更换熔丝
		冲击电流限制电阻断线，冲击电流限制电阻是否过载	更换伺服驱动器
		伺服ON信号提前有效	检查外部使能电路是否短路
		伺服驱动器故障	更换伺服驱动器
	在通常运行时发生	AC电源电压低	将AC电源电压调到正常范围
		发生瞬时停电	通过报警复位重新开始运行
		电动机主电路用电缆短路	修正或更换电动机主电路电缆
		伺服电动机短路	更换伺服电动机
		伺服驱动器故障	更换伺服驱动器
		整流器件损坏	建议更换伺服驱动器

（12）位置偏差过大（见表5-11）

表5-11　位置偏差过大

报警内容	报警发生情况	可能原因	处理措施
位置偏差过大	在接通控制电源时发生	位置偏差参数设得过小	重新设定正确参数
		伺服单元电路板故障	更换伺服单元
	在高速旋转时发生	伺服电动机的U、V、W的配线不正确	修正电动机配线
		伺服单元电路板故障	更换伺服单元
	在发出位置指令时电动机不旋转的情况下发生	伺服电动机的U、V、W的配线不正确	修正电动机配线
		伺服单元电路板故障	更换伺服单元
	动作正常，但在长指令时发生	位置指令的增益调整不良	上调速度环增益、位置环增益
		伺服单元的增益频率过高	缓慢降低位置指令频率，加入平滑功能，重新评估电子齿轮比
		负载条件与电动机规格不符	重新评估负载或电动机功率

(13) 编码器出错（见表5-12）

表 5-12　编码器出错

报警内容	报警发生情况	可能原因	处理措施
编码器出错	编码器电池报警	电池连接不良，未连接	正确连接电池
		电池电压低于规定值	更换电池，重新启动
		伺服单元故障	更换伺服单元
	编码器故障	无 A 相和 B 相脉冲	建议更换脉冲编码器
		引线电缆短路或损坏而引起通信错误	
	客观条件	接地、屏蔽不良	处理好接地

三、伺服位置反馈装置故障诊断方法

FANUC 数控系统既可以用于半闭环工作，又可以用于全闭环工作。半闭环位置检测信号来自于伺服电动机尾部的光电编码器，全闭环位置检测信号来自于机床上直线光栅尺等直线位移检测器件。

数控系统伺服反馈故障常见的是断线故障，根据断线报警产生的原因不同，可分为硬件断线报警和软件断线报警。

例如：某立式加工中心，数控系统采用 FANUC 0i-MC 系统，伺服电动机为 αi12/3000，外加直线光栅构成全闭环控制系统，在使用过程中产生 Z 轴 445#报警，系统停止工作。

（1）故障报警过程　当数控系统设计和调试为全闭环位置控制方式时，数控系统除实时检测编码器是否有断线报警外，还实时对半闭环检测的位置数据与分离式直线位置检测反馈的脉冲数进行偏差计算，若超过参数 NO.2064 的设置值，就会产生 445#报警。

（2）故障产生原因　根据直线位置检测反馈工作过程，故障原因可能是：直线位置检测器件断线或插座没有插好；直线位置反馈装置的电源电压偏低或没有；位置反馈检测器件本身故障；光栅适配器等，闭环位置检测器件是通过光栅适配器进入伺服位置控制回路的。

四、伺服进给装置故障诊断方法

伺服进给装置常见故障及诊断方法如下：

1）超程。有软件超程、硬件超程和急停保护三种。

2）过载。当进给运动的负载过大、频繁正反向运动，以及进给传动润滑状态和过载检测电路不良时，都会引起过载报警。

3）窜动。在进给时出现窜动现象，可能原因有：测速信号不稳定；速度控制信号不稳定或受到干扰；接线端子接触不良。当窜动发生在由正方向运动与反向运动的换向瞬间时，一般是由于进给传动链的反向间隙或伺服系统增益过大所致。

4）爬行。发生在起动加速段或低速进给时，一般是由于进给传动链的润滑状态不良、伺服系统增益过低以及外加负载过大等因素所致。

5）振动。分析机床振动周期是否与进给速度有关。

6）伺服电动机不转。数控系统至进给单元除了速度控制信号外，还有使能控制信号，

因为使能控制信号是进给动作的前提。

7）位置误差。当伺服运动超过允许的误差范围时，数控系统就会产生位置误差过大报警，包括跟随误差、轮廓误差和定位误差等。主要原因有：系统设定的允差范围过小；伺服系统增益设置不当；位置检测装置有污染；进给传动链累积误差过大；主轴箱垂直运动时平衡装置不稳。

> **任务实施**

1. 利用伺服放大器（SVM）的显示排除故障

某数控机床伺服放大器（SVM）显示单元报警，显示代码为1，经查看维修手册，该报警代码含义为内部冷却风扇停止运行，其故障可能原因及排除方法如下：

1）确认风扇中有无杂物。
2）确认已按下控制基板。
3）确认风扇连接器已正确连接。
4）更换风扇或SVM。

2. 利用数控机床（CNC）报警代码排除故障

某全闭环数控加工中心，低速运行时无报警，但是无论在哪种方式下高速移动X轴时（包括手动方式、自动方式、回参考点方式）都出现411号报警。经查看维修手册，该报警代码含义为伺服轴在运动过程中，误差计数器读出的实际误差值大于1828号参数的极限值。其故障可能原因及排除方法如下：

1）将参数设置为1815#b2(OPTX)=0（半闭环控制）。
2）进入伺服参数画面。
3）将"初始化设定位"改为"00000000"。
4）将"位置反馈脉冲数"改为"12500"。
5）计算N/M值。
6）关闭电源再通电，参数修改完成。

接下来，先用手轮移动X轴，当确认半闭环运行正常后用手动方式从慢速到高速进行试验，结果X轴运行正常，由此得出半闭环运行正常的结论。全闭环高速运行时出现411号报警，说明全闭环测量系统存在故障。此时，打开光栅尺防护罩，发现尺面上有油膜，清除尺面油污，重新安装光栅尺并恢复原参数。设置参数1815#b2=1，恢复修改过的伺服参数，机床故障排除。

3. 利用伺服软件代码排除故障

发生伺服报警时，除报警信息外，将在伺服调整画面或诊断画面上显示报警的详细内容。可使用报警位列表确定报警内容，然后进行适当处理。打开伺服画面的操作流程如图5-6所示。如果没有显示伺服画面，应进行CNC的OFF/ON操作，如图5-7所示。参数设定完成后可以打开伺服画面，如图5-8所示。报警位列表如图5-9所示。

$$\boxed{\text{SYSTEM}} \rightarrow \text{【SYSTEM】} \rightarrow \text{【▷】} \rightarrow \text{【SV-PRM】} \rightarrow \text{【SV-TUN】}$$

图5-6 伺服画面的操作流程

	#7	#6	#5	#4	#3	#2	#1	#0
3111								SVS

SVS(#0)　1：显示伺服画面

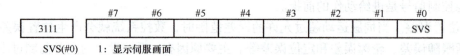

图 5-7　3111 号伺服参数

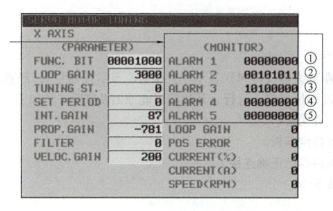

图 5-8　伺服画面

	#7	#6	#5	#4	#3	#2	#1	#0
①报警1	OVL	LVA	OVC	HCA	HVA	DCA	FBA	OFA
②报警2	ALD			EXP				
③报警3		CSA	BLA	PHA	RCA	BZA	CKA	SPH
④报警4	DTE	CRC	STB	PRM				
⑤报警5		OFS	MCC	LDM	PMS	FAN	DAL	ABF
⑥报警6					SFA			
⑦报警7	OHA	LDA	BLA	PHA	CMA	BZA	PMA	SPH
⑧报警8	DTE	CRC	STB	SPD				
⑨报警9		FSD			SVE	IDW	NCE	IFE

图 5-9　报警位列表

某数控机床因连续运行，伺服系统出现过热报警。经过查看伺服画面并查看维修手册，报警位代码位 OVL 位为 1，ALD、EXP 位为 0。经核对，确定为放大器过热报警，如图 5-10 所示。

	#7	#6	#5	#4	#3	#2	#1	#0
①报警1	OVL	LVA	OVC	HCA	HVA	DCA	FBA	OFA
①报警2	ALD			EXP				

OVL	ALD	EXP	报警内容	处理办法
1	1	0	电动机过热	1
1	0	0	放大器过热	1

图 5-10　电动机过热与放大器过热报警位

其故障可能原因及排除方法是：发生在长时间的连续运转后的情形时，实际上可以判断电动机、放大器的温度上升。应停机一段时间后再观察其状态，即关闭电源 10min 左右后，如再次发生报警，可能是恒温器故障。若间歇发生报警时，应增大时间常数，或增加程序中的停止时间，以此来抑制电动机和放大器温度的上升。

> 任务总结与评价

序号	项目及技术要求	评分标准	分值	成绩
1	进给伺服系统常见故障	能对数控机床进给伺服系统进行分析	40分	
2	进给伺服系统典型故障	能对数控机床进给伺服系统典型故障进行排除	40分	
3	职业道德规范、安全文明生产、工作纪律及态度	穿工装、绝缘胶鞋进入实训场地；按照指导教师要求和安全操作规范完成任务操作练习	20分	

> 课后习题

一、填空题

1. 数控系统伺服反馈故障常见的是断线故障，根据断线报警产生的原因不同，可分为_____和_____。
2. 伺服进给装置故障诊断方法有_____、_____、_____、_____、_____、_____和_____。

二、简答题

1. 简述数控系统 SVM 内部冷却风扇停止运行可能的故障原因。
2. 简述数控系统发生 411 号报警故障处理过程。

任务3 其他进给驱动系统的故障诊断方法

> 知识目标

1）了解广州数控（GSK）进给伺服系统的构成。
2）掌握交流进给伺服电动机的工作原理。
3）掌握数控系统与进给伺服驱动系统之间的连接。
4）掌握伺服进给装置故障的诊断方法。

> 技能目标

1）熟悉伺服进给装置故障诊断的操作步骤。
2）会对进给伺服系统的故障进行诊断与维修。

> **素养目标**

1）培养学生按 7S（整理、整顿、清扫、清洁、素养、安全、节约）标准工作的良好习惯。

2）培养学生具备善于观察，主动学习，能够分析问题、解决问题的能力。

> **必备知识**

一、交流进给伺服驱动系统

数控机床按照驱动电动机的类型分为步进伺服驱动系统、直流伺服驱动系统和交流伺服驱动系统三大类。目前由于直流伺服电动机具有电刷和机械换向器，使结构与体积受到限制，现已被交流伺服电动机取代。本任务只学习交流进给伺服驱动系统。

1. 交流进给伺服电动机的工作原理

（1）交流伺服电动机 图 5-11 所示为 GSK 交流伺服电动机及其铭牌含义。

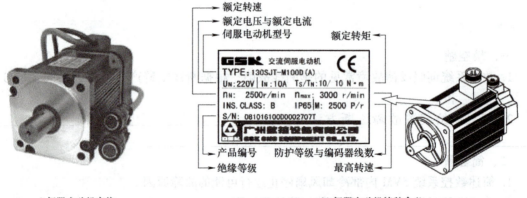

a) 伺服电动机实物　　　　　　　　　b) 伺服电动机铭牌含义

图 5-11　常用的伺服电动机

（2）交流伺服电动机的基本结构与工作原理　按种类分，数控机床中常用的交流伺服电动机可分为同步型和异步型两种。交流伺服同步电动机有永磁式、磁阻式（反应式）、磁滞式、绕组磁极式等。目前，在控制领域中所采用的交流伺服电动机一般为同步电动机（无刷直流电动机）。电动机主要由定子、转子和检测元件三部分组成，其中定子与普通的交流异步电动机基本相同，主要由定子冲片、三相绕组线圈，另外还有支撑转子的前后端盖和轴承等组成。伺服电动机的转子主要由多对极的磁钢和电动机轴构成，检测元件由安装在电动机尾端的位置编码器构成。图 5-12 所示为 SJT 系列伺服电动机的外形与结构。

交流伺服电动机的工作原理实际上与电磁式的同步电动机类似，差异在于：磁场是由作为转子的永久磁铁产生，而非转子中的励磁绕组产生。当定子三相绕组通上交流电源后，电动机中就会产生一个旋转的磁场，该磁场将以同步转速 n_s 旋转。根据磁场的特性，定子的旋转磁极总是要和转子的旋转磁极相互吸引，并带着转子一起转动，使定子磁场的轴心线与转子磁场的轴心线保持一致，形成电动机的旋转扭矩。由于电动机的转子惯量、定子和转子之间的转速差等因素的影响，经常会造成电动机起动时的失步；为了保证定子和转子之间总是处于一定的同步状态，在电动机的后面增加了确定转子位置的绝对位置编码器，FANUC的电动机中使用4位格林码绝对位置编码器用于确定转子信息。

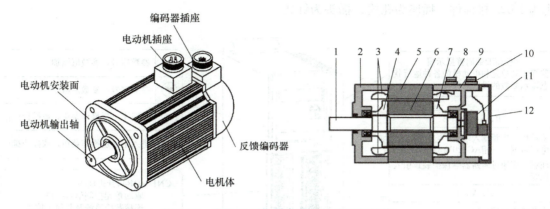

图 5-12 SJT 系列伺服电动机的外形与结构

1—电动机轴　2—前端盖　3—三相绕组线圈　4—压板　5—定子　6—磁钢　7—后压板
8—动力线插头　9—后端盖　10—反馈插头　11—脉冲编码器　12—电动机后盖

2. 交流伺服驱动装置

（1）交流伺服驱动装置的工作原理　交流伺服驱动装置（简称伺服装置）由交流伺服驱动单元和交流伺服电动机组成。驱动单元把三相交流电整流为直流电，再通过控制功率开关管的开通和关断，在伺服电动机的三相定子绕组中产生相位差120°的近似正弦波电流，该电流在伺服电动机里形成旋转磁场，因为伺服电动机的转子是采用强抗退磁的稀土永磁材料制成，因此伺服电动机转子的磁场与旋转磁场相互作用产生电磁转矩驱动伺服电动机转子旋转。流过伺服电动机绕组的电流频率越高，伺服电动机的转速越快；流过伺服电动机绕组的电流幅值越大，伺服电动机输出的转矩越大。伺服装置的基本电路框图如图5-13所示，图中 PG 为编码器。

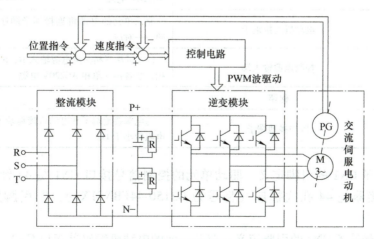

图 5-13 伺服装置的基本电路框图

（2）交流伺服驱动器　以广州数控 GSK DA98B 系列交流伺服驱动器为例，来认识伺服驱动器。

图 5-14 所示为广州数控设备有限公司生产的 DA98B 系列交流伺服驱动器及接口端子配置情况。其中，TB 为主回路端子排；CN1 为 DB44 接插件，插座为针式，插头为孔式；CN2 也为 DB25 接插件，插座为孔式，插头为针式。

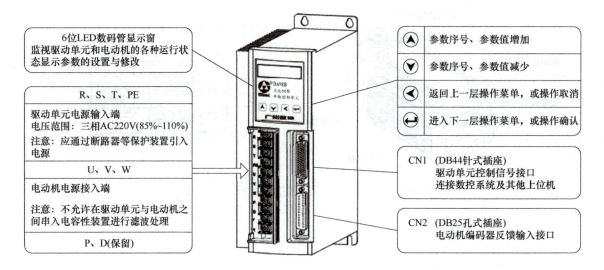

图 5-14 DA98B 系列交流伺服驱动器及接口端子配置

1）主回路接口端子的定义见表 5-13。

表 5-13 主回路接口端子的定义

端子标号	端子名称	备注
R, S, T	交流电源输入端子	三相 AC220V（85%~110%） 50Hz/60Hz±1Hz 当电动机功率小于 0.8kW 时，可以使用单相 AC220V 电源
U, V, W	电动机连接端子	驱动单元的电动机连接端子顺序和电动机相序必须一一对应
r, t	控制电源输入端	r、t 可从三相交流电源输入 R、S、T 中接入任意两相，或者接入单相 AC220V 电源
P, D	保留	
PE ⏚	保护接地端子	与电源接地端子和电动机接地端子相连，保护接地电阻应小于 1Ω

2）控制端子 CN1 的引脚定义。驱动单元的控制信号接口 CN1 是 44 针式插座，制作控制线用的连接器是 44 孔式插座（型号为 G3150-44FBNS1X1）。其引脚定义如图 5-15 所示。

3）反馈信号端子 CN2 的引脚定义。驱动单元的电动机编码器接口 CN2 是 25 孔式插座，制作连接线用的连接器是 25 针式插头（型号为 G3150-44FBNS1X）。其引脚定义如图 5-16 所示。

项目5 进给驱动系统的故障诊断与维修

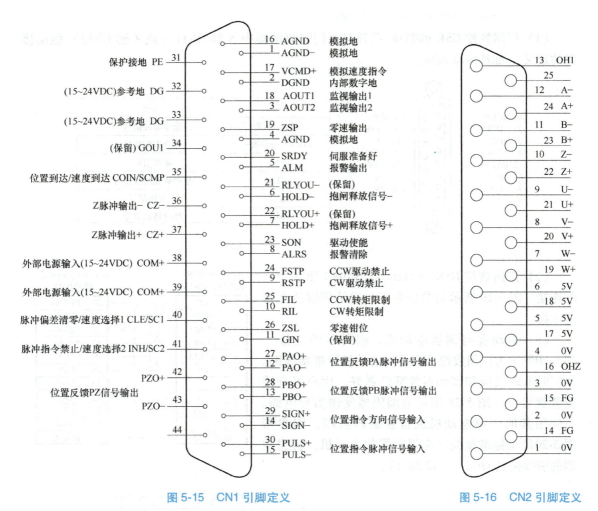

图 5-15　CN1 引脚定义　　　　　　　　图 5-16　CN2 引脚定义

二、数控系统与进给伺服驱动系统的连接

以广州数控 GSK 980TDb 系列交流伺服驱动器为例，介绍其电气线路的连接。

1. 数控系统电源的连接

广州数控 GSK 980TDb 系列交流伺服驱动器采用 GSK-PB2 电源盒，输入 220V 交流电源，输出共有 4 组电压：+5V（3A）、+12V（1A）、-12V（0.5A）与 +24V（0.5A），并且共用一个接地端（GND），如图 5-17 所示。

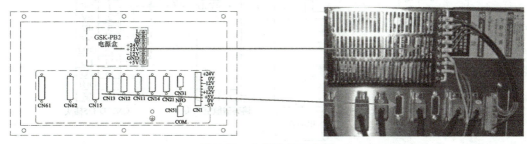

图 5-17　电源连接示意图

145

2. 数控系统与进给伺服放大器的连接

（1）广州数控 GSK 980TDb 系列交流伺服驱动器中 X 轴 CN11（或 Z 轴 CN13）驱动接口的定义，如图 5-18 所示。

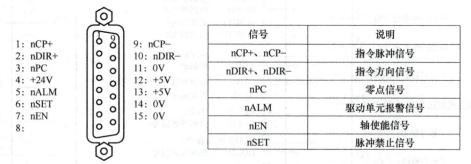

图 5-18 X 轴 CN11（或 Z 轴 CN13）驱动接口的定义

（2）广州数控 GSK 980TDb 与 DA98B 驱动单元的连接　图 5-19 所示为数控系统与进给伺服放大器的连接。

（3）驱动器与伺服电动机、编码器的连接　图 5-20 所示为广州数控 SJT 系列电动机标准接线图。出厂时电动机线和编码器线都已做好，用户可直接安装就可以。图 5-21 所示为编码器反馈信号电缆。若使用其他厂家电动机或自制编码器线，则参考图 5-20 所示标准接线（有温控器的电动机，将温控器的引线接到 OH1、OH2 端口）。

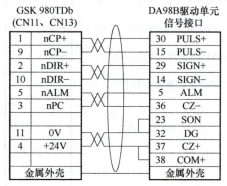

图 5-19 GSK 980TDb 与 DA98B 驱动单元的连接示意图

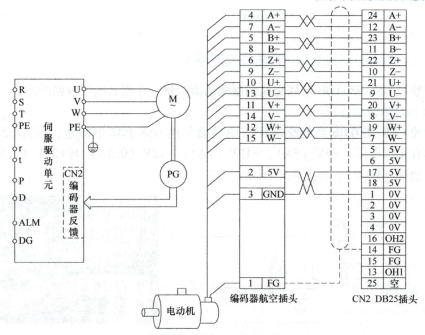

图 5-20 广州数控 SJT 系列电动机标准接线图

（4）数控系统与机床侧输入信号的连接 输入信号是指从机床侧到 CNC 的信号，该机床侧的输入信号通过 CNC 系统的输入接口 CN61（与进给伺服控制相关的 CN61 接口部分引脚定义如图 5-22 所示）引入，该输入信号与 +24V 接通时，输入有效；该输入信号与 +24V 断开时，输入无效。

1）行程限位与急停按钮连接，有以下两种连接方式。

① 行程限位与急停串联连接，如图 5-23 所示。

当出现超程或按下急停按钮时，CNC 会出现"急

图 5-21 编码器反馈信号电缆

引脚编号	地址	功能	说明
21~24	0V	电源接口	电源 0V 端
2	X0.1	SP	外接进给保持信号
4	X0.3	DECX(DEC1)	X 轴减速信号
6	X0.5	ESP	外接急停信号
12	X1.3	DECZ(DEC3)	Z 轴减速信号
13	X1.4	ST	外接循环启动信号
37	X3.0	LMIX	X 轴超程
39	X3.2	LMIZ	Z 轴超程

图 5-22 CN61 输入接口部分引脚定义

停"报警，如为超程，则按下超程解除开关且不松开，按复位键取消报警后向反方向移动可解除超程。出现急停报警时，CNC 停止脉冲输出，关闭 M03 或 M04、M08 信号输出，同时输出 M05 信号。

② 行程限位开关与急停按钮独立连接，如图 5-23 所示。

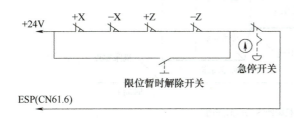

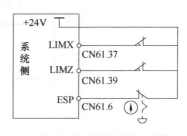

a）行程限位与急停按钮串联连接　　　　b）行程限位与急停按钮独立连接

图 5-23 行程限位开关与急停按钮独立连接方式

每个轴只有一个超程触点，通过轴的移动方向来判断正负超程报警。当出现超程报警时，可往反方向移动，移出限位位置后可按复位清除报警。

2）进给轴减速回零的连接。数控机床在接通电源后通常都要做进给轴回零的操作，图 5-24 所示为 GSK980TDb 系统机床减速回零的连接图。

机床回零点动作原理如下：

当状态参数 No.006 的 BIT0（ZMX）设为 0，状态参数 No.004 的 BIT5（DECI）= 0 时，选择返回机床零点方式 B（方式 B 是采用一个行程开关和

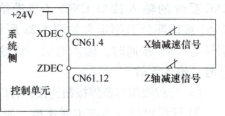

图 5-24　减速回零的连接图

伺服电动机一转信号的回零方式）、减速信号低电平有效。选择机床回零操作方式，按手动正向或负向（回机床零点方向由状态参数 No.183 号设定）进给键，则相应轴以回参考点的高速速度（参数 No.113）向机床零点方向运动。运行至压上减速开关，减速信号触点断开时，机床减速运行，且以固定的低速（参数 No.33）继续运行。当减速开关释放后，减速信号触点重新闭合时，CNC 开始检测编码器的一转信号（PC），如该信号电平发生跳变，则运动停止，同时操作面板上相应轴的回零结束指示灯亮，机床回零操作结束。机床回零过程的示意图与动作时序图如图 5-25 所示。

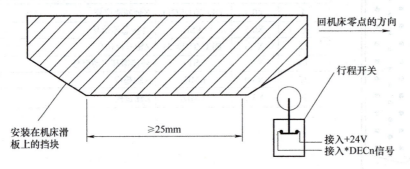

a）机床回零过程的示意图

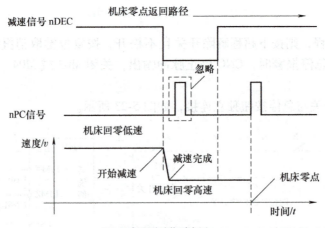

b）机床回零动作时序图

图 5-25　机床回零示意图

3）外接循环起动和进给保持，接线图如图 5-26 所示。

① ST：外接自动循环起动信号，与机床面板中的自动循环起动键功能相同。

② SP：外接进给保持信号，与机床面板中的进给保持键功能相同。

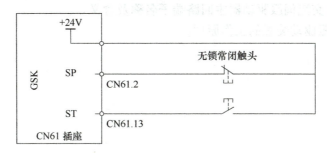

图 5-26　循环起动和进给保持接线图

▶ 任务实施

1. 识读进给伺服系统

在教师的指导下按照下列流程识读进给伺服驱动系统各个部分：

1）识读进给伺服电动机。
2）识读进给伺服驱动器。
3）识读进给伺服系统连接。

2. 绘制电气线路图

在教师的指导下完成下列电气线路图的绘制：

1）绘制进给伺服电源连接线路。
2）绘制 X 轴和 Z 轴进给伺服驱动系统线路。
3）绘制进给伺服轴的超程限位控制线路、超程释放和急停控制线路。

▶ 任务总结与评价

序号	项目及技术要求	评分标准	分值	成绩
1	进给伺服系统电动机	熟知进给伺服系统电动机各个部分	30 分	
2	进给伺服系统驱动器	熟知进给伺服系统驱动器各个接口含义及进给伺服系统连接	50 分	
3	职业道德规范、安全文明生产、工作纪律及态度	穿工装、绝缘胶鞋进入实训场地；按照指导教师要求和安全操作规范完成任务操作练习	20 分	

▶ 课后习题

一、填空题

1. 数控机床中常用的交流伺服电动机可分为同步型和异步型两种。交流伺服同步电动机有_____、_____、_____和_____。

2. 交流伺服驱动装置（简称伺服装置）由_____和_____组成。

二、简答题

1. 简述 DA98B 交流伺服驱动器主回路端子名称及含义。
2. 简述交流伺服驱动装置的工作原理。

项目6
位置检测模块的故障诊断与维修

➤ 学习指南

位置检测装置是数控机床的重要组成部分,它起着检测各控制轴位移和速度的作用,并把检测到的信号反馈给控制装置,构成闭环控制。对于闭环控制的伺服系统,位置检测元件的精度将直接影响数控机床的加工精度,高质量的位置检测元件是实现数控机床高精度加工的先决条件之一。

本项目的主要内容包括两个方面:一是位置检测单元的工作原理,主要讲解位置检测单元的基础知识、常用位置检测元件的结构组成及工作原理、位置检测元件的识别及检测等知识点;二是位置检测装置的故障诊断与维修,主要讲解位置检测装置的故障表现形式、常用位置检测元件的安装维护注意事项、位置检测信号处理、典型故障分析等方面的知识。通过本项目的学习,可以全面熟悉数控机床位置检测装置的基础知识,掌握位置检测装置常见故障的诊断与维修基本技能。

➤ 内容结构

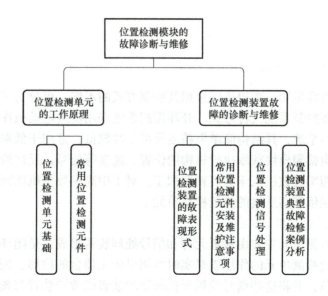

任务1　位置检测单元的工作原理

> 知识目标

1) 了解位置检测单元的作用及检测方式。
2) 了解数控机床对位置检测单元的要求。
3) 掌握光栅尺、编码器的结构组成及工作原理。
4) 掌握感应同步器、旋转变压器及磁栅尺的结构组成及工作原理。
5) 掌握常用位置检测元件的识别及检测方法。

> 技能目标

1) 能用电工工具完成位置检测元件的硬件接线。
2) 能用万用表、示波器检测位置检测元件的信号及功能。
3) 能够通过元器件铭牌参数辨识其功能及用途。
4) 能根据实际应用要求，合理选用位置检测元件。

> 素养目标

1) 安全意识、信息素养、工匠精神。
2) 集体意识和团队合作精神。
3) 遵纪守法、崇德向善、诚实守信。
4) 遵守职业规范、操作规程及7S管理制度。

> 必备知识

一、位置检测单元基础

由前面讲述的内容可知，数控机床根据其控制方式的不同，可分为开环控制系统、全闭环控制系统及半闭环控制系统三种形式。开环控制系统采用步进电动机作为驱动单元，不用位置检测模块及反馈系统，其结构简单但精度及可靠性较低，常用于低端市场。全闭环及半闭环控制系统必须由检测模块获取执行机构的位置、速度等信号，反馈给数控机床控制单元形成闭环控制，从而实现数控机床的高精度加工。对于中高端数控机床而言，要实现数控机床的高精度，就必须依靠高质量的位置检测单元。

1. 位置检测单元的作用

数控机床位置检测单元主要由检测元件和信号处理装置组成，是闭环控制式数控机床的重要组成部分。位置检测单元的作用就是实时检测机床工作台的位移、伺服电动机转子的角位移和速度等实际值，并将这些信号反馈至伺服驱动装置或数控装置与预先给定的理想值进行比较，通过差值运算实现闭环控制。

位置检测元件的精度一般用系统精度和分辨率来表示。系统精度是指在测量范围内，检测元件输出所表示的位移或速度等数值与实际数值之间最大的误差值；分辨率是指检测元件所能正确检测的最小数量单位。一般要求检测元件的系统精度和分辨率比加工精度高一个数量级。

2. 位置检测的基本方式

（1）增量式和绝对式测量　根据检测元件的编码方式不同，可分为增量式和绝对式两种。增量式测量只测量位移增量，并用数字脉冲的个数来表示单位位移（即最小设定单位）的数量，即每增加一个单位位移就发出一个脉冲信号，该单位位移就是检测元件的分辨率。如果某增量式检测元件的分辨率为 0.001mm/脉冲，当它接收到 1500 个计数脉冲时，表示工作台增加位移量为 0.001mm/脉冲×1500 脉冲 = 1.5mm。

绝对式测量测出的是被测部件在某一绝对坐标系中的绝对坐标位置值，并且以二进制或十进制数字信号表示出来，一般都要转换成脉冲数字信号以后，才能送去进行比较和显示。采用此方式，对分辨率的要求越高，测量装置的结构也就越复杂。这样的测量装置有绝对式脉冲编码盘、三速式绝对编码盘（或称多圈式绝对编码盘）等。

（2）数字式和模拟式测量　根据检测信号形式不同，可分为数字式和模拟式两种。数字式测量是检测元件的输出信号以数字的形式表示。测量信号一般为电脉冲，可以直接把它送到数控系统进行比较和处理。这样的检测装置具有便于显示和处理、精度与量程基本无关、检测装置简单、抗干扰能力强等优点。

模拟式测量是检测元件的输出信号用连续变量来表示，如电压、相位变化等。模拟式测量装置具备直接检测无需量化、小量程内精度高等特点，在数控机床中模拟式检测装置主要用于小量程测量。模拟式检测装置有测速发电动机、旋转变压器、感应同步器和磁栅尺等。

（3）直接检测和间接检测　根据检测元件安装位置及耦合方式不同，可分为直接检测和间接检测两种。直接检测是将检测元件安装在执行部件的末端上，用以直接测量末端件的直线或角度变化值，并将其反馈形成闭环控制。典型的直线测量元件有直线光栅、直线感应同步器、磁栅尺等，旋转位置测量元件有光电编码器和旋转变压器等。直线型检测装置可以直接反映机床工作台的直线位移量，但是要求检测装置要与行程等长，这对大型数控机床而言是个限制。

间接测量是通过测量传动元件或驱动电动机轴上部件的角位移，再经过传动比变换后计算出末端件的直线位移量的一种检测方式，其构成半闭环控制。间接测量使用可靠方便，无长度限制。其缺点是在检测信号中加入了直线转变为旋转运动的传动链误差，从而影响测量精度。

3. 数控机床对位置检测单元的要求

位置检测单元是数控机床的重要组成部分，其加工精度在一定程度上要依赖于检测系统的精度；不同类型的数控机床，对位置检测元件、检测系统的精度要求和被测部件的最高移动速度各不相同。通常数控机床对位置检测单元主要有如下要求：

1）受温度、湿度的影响小，工作可靠，能长期保持精度，抗干扰能力强。
2）在机床执行部件移动范围内，能够满足精度和速度的要求。
3）使用维护方便，适应机床工作环境。
4）成本低。

二、常用位置检测元件

目前,在数控机床中常用的位置检测元件主要有:光栅尺、光电编码器、感应同步器、旋转变压器及磁栅尺等。

1. 光栅尺

光栅尺是利用光的透射、衍射现象形成莫尔条纹,通过光敏元件测量莫尔条纹移动的数量来测量机床工作台的移动或丝杠的旋转。按照制造方法和光学原理的不同,光栅可分为透射光栅和反射光栅。透射光栅是指在一条透明玻璃片上刻有一系列等间隔密集条纹,而反射光栅则是在长条形金属镜面上制成全反射或漫反射间隔相等的密集条纹,也可以根据条纹形状的不同分为直线光栅和圆光栅两大类,分别用于直线位移和角位移的测量。图 6-1 所示为光栅条纹示意图。

图 6-1 光栅条纹示意图

光栅尺主要由标尺光栅(定尺)和光栅读数头两部分组成,如图 6-2 所示。标尺光栅也叫作长光栅,要求其尺寸与行程等长;指示光栅也叫作短光栅,其连同光源、透镜、光敏元件、转换电路封装在一起称为光栅读数头,如图 6-3 所示;根据使用要求的不同,标尺光栅与光栅读数头可以分别安装在机床的固定部件(如床身)和移动部件(如工作台)上,工作时两者产生相对滑移。

图 6-2 光栅尺的外形

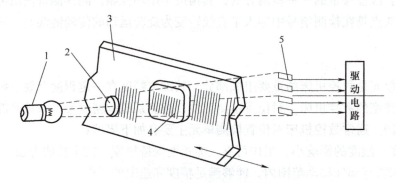

图 6-3 光栅尺的结构组成

1—光源 2—透镜 3—标尺光栅 4—指示光栅 5—光电元件

光源一般为白炽灯或 LED 灯,用于给光栅尺正常工作时提供光能;透镜是用来将光源的发射光转换成平行光照射到光栅尺上;标尺光栅和指示光栅并行安放,用于形成莫尔条纹;光电元件是将莫尔条纹的光强变化转换为电信号以输出;驱动电路是将光电元件输出的信号进行整形、放大、转换等处理,形成脉冲信号输出给控制单元。

光栅是根据莫尔条纹的形成原理进行工作的,测量时标尺光栅和指示光栅两尺面相互平行地重叠在一起,并保持 0.01~0.1mm 的间隙,栅距完全相等,指示光栅相对标尺光栅在自身平面内旋转一个微小的角度 θ,使两组线发生交叉,当平行光线透过光栅后,交叉点近旁的小区域内由于黑色线纹重叠而使遮光面积最小,挡光效应最弱,光的累积作用使得这个区域出现亮带。相反,距交叉点较远的区域,因两光栅尺不透明的黑色线纹的重叠部分变得越来越少,不透明区域面积逐渐变大,即遮光面积逐渐变大,使得挡光效应变强,只有较少的光线能通过这个区域透过光栅,使这个区域出现暗带。这些与光栅线纹几乎垂直,相间出现的亮带、暗带就是莫尔条纹,如图 6-4 所示。

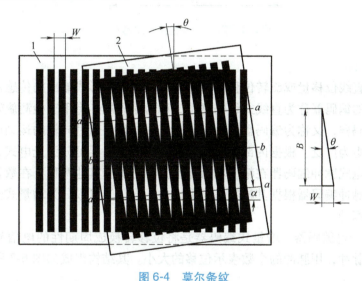

图 6-4 莫尔条纹

1—标尺光栅 2—指示光栅 W—光栅栅距 θ—夹角 B—条纹间距

光栅尺工作时,长短两光栅相对移动一个栅距 W,莫尔条纹移动一个条纹间距 B,即光栅某一固定点的光强按明→暗→明规律交替变化一次。理论上光栅亮度变化是一个三角波形,但由于漏光和不能达到最大亮度,被削顶削底后而近似一个正弦波,该信号经过整形转换变为方波,再经过逻辑电压转换,最后以脉冲信号的形式输出,如图 6-5 所示;每产生一个脉冲,就代表移动了一个栅距那么大的位移,通过对脉冲计数便可得到被测物体的移动距离。

图 6-5 光栅尺信号处理过程

为了既能计数,又能判别工作台移动的方向,通常在光栅中至少用 4 个光电元件,每个光电元件相距四分之一栅距($W/4$)。当指示光栅相对标尺光栅移动时,莫尔条纹通过各个光电元件的时间不一样,光电元件的电信号虽然波形一样,但相位相差 1/4 周期,如图 6-6 所示。根据各光电元件输出信号的相位关系,就可以确定出指示光栅移动的方向。

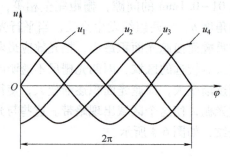

图 6-6　四个光电元件的波形关系

2. 光电编码器

编码器是将直线位移量或旋转位移量转换成以数字信号形式输出的传感器。通常将用于检测直线位移量的编码器称为直线式编码器,又称为编码尺;将用于检测旋转位移量的编码器称为旋转式编码器,又称为编码盘。由于许多直线位移是通过转轴的运动产生的,因此旋转式编码器应用更为广泛。根据内部结构和检测方式,编码器可分为光电式、接触式和电磁感应式三种;光电式脉冲编码器在精度和可靠性方面均优于其他两种,在数控机床上使用较为广泛。光电式脉冲编码器根据其输出信号形式的不同,又可以分为增量式光电编码器和绝对式光电编码器两种。

(1) 增量式光电编码器　增量式编码器是将位移转换成周期性的电信号,再把这个电信号转变成计数脉冲,用脉冲的个数表示位移的大小。其结构组成如图 6-7 所示。

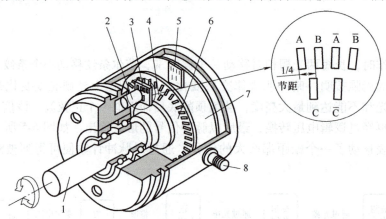

图 6-7　增量式光电编码器的结构组成
1—转轴　2—LED 光源　3—光栅板　4—零标志槽　5—光电元件
6—码盘　7—印制电路板　8—电源及信号线连接座

光栏板和光电元件平齐安装并与主码盘平行，其上刻有 A、B 两组透明检测窄缝，窄缝彼此错开 1/4 节距，以使 A、B 两个对应光电元件的输出信号在相位上相差 90°。工作时，光栏板和光电元件静止不动，主码盘与转轴一起转动，光源发出的光投射到光栏板及主码盘上。当主码盘上的不透明区正好与光栏板上的透明窄缝对齐时，光线被全部遮住，对应光电元件输出电压为最小；当主码盘上的透明区正好与鉴向盘上的透明窄缝对齐时，光线全部通过，对应光电元件输出电压为最大。主码盘每转过一个节距时（刻线周期），对应光电元件将输出一个近似的正弦波电压，且对应光电元件 A、B 的输出电压相位差为 90°。这组信号经放大器放大与整形，得到输出方波，如图 6-8 所示。

利用 A 相与 B 相的相位关系可以判别编码器的正转与反转，若 A 相信号超前 B 相信号 90°，则码盘正转；若 B 相信号超前 A 相信号 90°，则码盘反转。在码盘里圈，还有一根狭缝 C，码盘每转一圈会产生一个脉冲，该脉冲信号又称为"一转信号"或零标志脉冲，作为测量的起始基准。

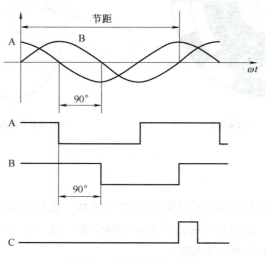

图 6-8　编码器输出波形

增量式光电编码器的测量准确度与码盘圆周上的狭缝条纹数（分度数）M 有关，最小分辨的角度 α 及分辨率 δ 分别表示为

$$\alpha = 360°/M; \delta = 1/M$$

若某增量式光电编码器的技术指标中分度数 $M = 1024$ 个脉冲/r，则其最小分辨的角度 $\alpha = 360°/M = 360°/1024 = 0.352°$，分辨率 $\delta = 1/M = 1/1024$。因此，增量式光电编码器码盘一圈的条纹数越多，其最小分辨的角度就越小，测量准确度就越高。

增量式光电编码器转动时输出脉冲，通过计数设备来检查其位置，当编码器不动或停电时，依靠计数设备的内部记忆来记住位置。这样，当停电后，编码器不能有任何移动。当通电工作时，编码器输出脉冲过程中，也不能有干扰而丢失脉冲，否则计数设备记忆的零点就会发生偏移，而且这种偏移量是只有错误的生产结果出现后才能被知道。这种问题的解决方法是增加参考点，编码器每经过一次参考点，将参考位置修正后进入计数设备的记忆位置。在参考点以前，是不能保证位置的准确性的。因此，在采用增量式光电编码器的数控机床等设备中就有每次操作先找参考点再开机找零的方法。

（2）绝对式光电编码器　绝对式光电编码器是把被测转角通过读取码盘上的图案信息直接转换成相应代码的检测元件。其输出信号是一定位数的二进制式的编码数，每一被测点都有一个相对应的编码；绝对式光电编码器的编码盘由按一定规律排列的透明及不透明区组成，即亮区和暗区，编码盘上码道的条数就是编码数的位数，如图6-9所示。

当光源将光线投射在码盘上时，通过亮区的光线由光电元件接收。光电元件的排列与码道一一对应，对应于亮区的光电元件输出为"1"，暗区则输出为"0"。当码盘旋转到不同位置时，光电元件输出不同的编码数，代表码盘轴的角位移的大小。

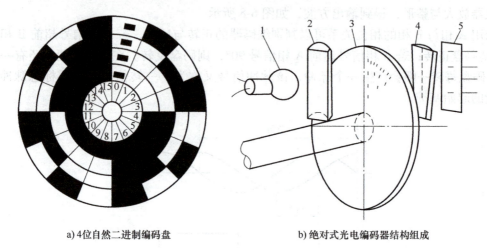

a) 4位自然二进制编码盘　　　　b) 绝对式光电编码器结构组成

图6-9　绝对式光电编码器

1—光源　2—透镜　3—编码盘　4—狭缝　5—光电元件

绝对式光电编码器的分辨率取决于码盘码道的条数，也就是编码数的位数，一个 n 位二进制码盘的最小分辨率，即能分辨的角度为 $\alpha = 360°/2^n$，如一个6位二进制码盘，其最小分辨的角度 $\alpha = 360°/2^6 = 360°/64 = 5.625°$。

绝对式光电编码器输出的测量值是由光电码盘的机械位置决定的，它不受停电、干扰等因素的影响。当掉电时，绝对式编码器的位置也不会丢失，其数据码盘通过转轴与机械联动，每一个位置是唯一的，一旦电源接通，它即可读出现时准确的位置信号，不需要退回到基准原点使系统从初始位置开始。同样，在经过一阵干扰后，可通过复读重新获得准确的位置信号。因此，绝对式编码器与增量式编码器相比，不存在掉电信号丢失问题，抗干扰能力强，可用于长期的定位控制。

3. 感应同步器

感应同步器是一种电磁感应（电磁耦合）式的高精度位移检测装置，是应用电磁感应原理把位移量转换成数字量的一种传感器。实际上，可将其视为多极旋转变压器的展开形式。根据其结构形式的不同可以分为旋转式和直线式两种；旋转式感应同步器用于检测角位移，按其直径及级对数的不同有多种型号；直线式感应同步器用于检测直线位移，可以分为标准型、窄型、带型及三速式等，应用比较广泛。这里以直线式感应同步器为例加以介绍。

直线式感应同步器由基板、绝缘层、定尺与滑尺绕组及屏蔽层组成。由于直线式感应同步器一般都必须用在机床上，为使线膨胀系数一致，感应同步器基板的材料为钢板或铸铁。

直线式感应同步器的结构组成如图 6-10 所示。

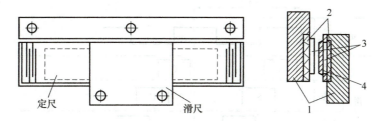

图 6-10　直线式感应同步器的结构组成
1—基板　2—绝缘层　3—绕组　4—屏蔽层

直线式感应同步器的定尺和滑尺平行安装，且保持一定间隙，定尺和滑尺表面均制有矩形绕组，但绕组的长度和形式有所区别。定尺表面制有连续平面矩形绕组，滑尺上制有两组分段绕组，分别称为正弦绕组和余弦绕组，这两段绕组相对于定尺绕组在空间上错开 1/4 节距，如图 6-11 所示。

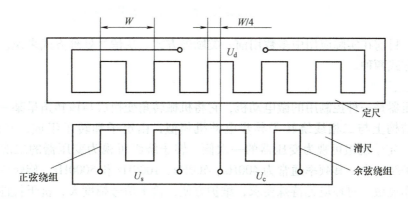

图 6-11　直线式感应同步器绕组

感应同步器工作时，如果在其中一种绕组上通以交流励磁电流，由于电磁耦合，在另一种绕组上就产生感应电动势，该电动势随定尺与滑尺（或转子与定子）的相对位置不同呈正弦、余弦函数变化。也就是说，感应同步器可以看作一个耦合系数随相对位移变化的变压器，其输出电动势与位移具有正弦、余弦的关系。利用电路对感应电动势进行适当的处理，就可测量出直线或转角的位移量。

若对滑尺上的正弦绕组 S 单独加上励磁信号，滑尺处在 A 点位置时，滑尺余弦绕组 C 与定尺某一绕组重合，定尺感应电动势值最大；当滑尺向右移动 $W/4$ 距离到达 B 点位置时，定尺感应电动势为零；当滑尺移过 $W/2$ 至 C 点位置时，定尺感应电动势为负的最大值；当滑尺移过 $3W/4$ 至 D 点的位置时，定尺感应电动势又为零。其感应电动势如图 6-12 中曲线 1 所示。同理，余弦绕组单独励磁时，定尺感应电动势变化如曲线 2 所示。

由感应同步器组成的检测系统，可以采取不同的励磁方式，并可对输出信号采取不同的处理方式。从励磁方式来说，可分为两大类：一类是以滑尺（或定子）励磁，由定尺（或转子）取出感应电动势信号；另一类以定尺（或转子）励磁，由滑尺（或定子）取出感应

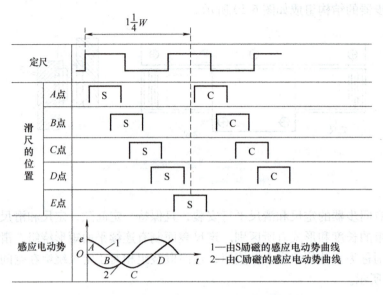

图 6-12 感应电动势与两相绕组相对位置的关系

电动势信号。目前在实际应用中多数用前一类励磁方式。从信号处理方式来说，可分为鉴相方式和鉴幅方式两种。

4. 旋转变压器

旋转变压器是一种控制用的微电动机，它将机械转角变换成与该转角呈某一函数关系的电信号。在结构上与二相线绕转子异步电动机相似，由定子和转子组成，其结构组成如图 6-13 所示。定子绕组可视为变压器的一次侧，转子绕组可视为变压器的二次侧。励磁电流输入到定子绕组中，其频率通常为 400Hz、500Hz、1000Hz 和 5000Hz。旋转变压器具有结构简单、动作灵敏、对环境无特殊要求、维护方便，输出信号幅度大，抗干扰性强，工作可靠等优点。因此广泛用于数控机床上。

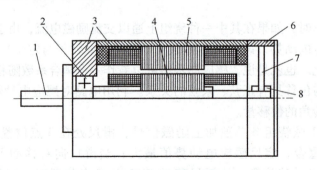

图 6-13 旋转变压器的结构组成
1—转轴 2—轴承 3—机壳 4—转子铁心 5—定子铁心 6—端盖 7—电刷 8—集电环

单极旋转变压器在工作时，在定子绕组上加大励磁电压，转子绕组产生感应电动势，如图 6-14 所示。其输出电压的大小取决于定子和转子两个绕组轴线间的夹角。两者平行时感应电动势最大，两者垂直时感应电动势为零。当转子绕组的磁轴与定子绕组的磁轴位置转动角度 θ 时，绕组产生的感应电动势为

$$E_1 = nU_1\sin\theta = nU_m\sin\omega t\sin\theta$$

式中　n——电压比；

　　　U_m——最大瞬时电压；

　　　U_1——定子输入电压。

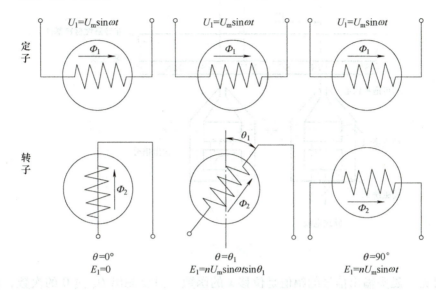

图 6-14　旋转变压器工作原理图

在实际应用中，通常采用的是正弦、余弦旋转变压器。其定子和转子绕组中各有相互垂直的两个绕组，可以应用叠加原理计算出其转子输出电压。

5. 磁栅尺

磁栅尺是将具有一定节距的磁信号用记录磁头记录在磁性标尺的磁膜上，用来作为测量基准。在测量时，读取磁头将磁性标尺上的磁信号转化为电信号，然后再送到检测电路中，把磁头相对于磁性标尺的位置或位移量转化为控制信号输入到数控系统中。

磁栅尺由磁性标尺、读取磁头和检测电路三部分组成，如图 6-15 所示。磁性标尺是以非导磁性材料为基体，用涂敷、化学沉积或电镀方法在基体上制作一层分布均匀厚度为 10~20μm 的磁膜，磁膜上有录制好的磁波，作为测量的基准，波长一般为 0.005mm、0.01mm、0.20mm、1mm 等几种；读取磁头是进行磁电转换的器件，它将磁性标尺上的磁信号检测出来，并转换成电信号，该磁头为磁通响应型磁头，其不仅在磁头与标尺之间有一定相对速度时能拾取信号，而且在它们相对静止时也能拾取信号。

磁头有两组绕组，分别为绕制在磁路截面尺寸较小的横臂上的励磁绕组和绕制在磁路截面尺寸较大的竖杆上的拾磁绕组（输出绕组）。励磁线圈的作用相当于磁开关，当对励磁绕组施加励磁电流 $i_a = i_0\sin\omega_0 t$ 时，磁路被阻断；如果励磁电流 i_a 的瞬时值小于某一数值时，磁路开通。由励磁电流引起磁通量交替变化，由此输出线圈中产生一个调幅信号，即

$$U_{sc} = U_m\cos(2\pi x/\lambda)\sin\omega t$$

式中　U_{sc}——输出线圈中输出感应电动势；

　　　U_m——输出电动势的峰值；

　　　λ——磁性标尺节距；

x——选定某一 N 极作为位移零电，x 为磁头对磁性标尺的位移量；

ω——输出线圈感应电动势的角频率，它比励磁电流 i_a 的频率 ω_0 高一倍。

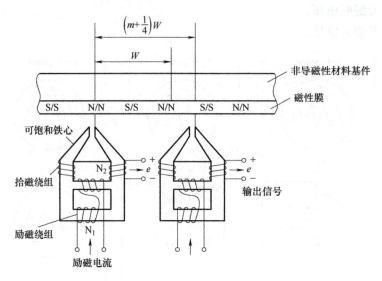

图 6-15 磁栅尺的结构原理

由此可见，磁头输出信号的幅值是位移 x 的函数。只要测出 U_{SC} 过 0 的次数，就可知道 x 的大小。使用单个磁头输出信号弱，而且对磁性标尺上磁信号的节距和波形要求也较高。所以实际上，总是将多个磁头以一定的方式串联，构成多间隙磁头使用。

> 任务实施

一、编码器的识别及检测

1. 工具、仪表、器材及设备

（1）工具　一般电工工具 1 套（螺钉旋具、扳手、验电器和剥线钳等）。

（2）仪表　双踪示波器 1 台、万用表 1 只。

（3）器材　绝对式编码器及增量式编码器各 3～6 个、电动机及 24V 直流电源各 1 台、导线若干。

（4）设备　经济型数控车床（铣床或加工中心）。

2. 识别及检测过程

（1）编码器识别

1）外观及铭牌识别。观察绝对式编码器及增量式编码器的外观形状，注意各自的结构特点并加以对比区分。仔细查看各编码器的铭牌参数，分析各项技术参数的含义、功能及结构功能。

2）接口信号识别。认真查看绝对式编码器及增量式编码器各自信号接口的形状、引脚分布及作用、引脚接线等情况，如图 6-16 及表 6-1 所示；观察各编码器与被测对

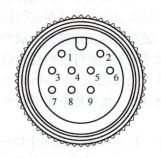

图 6-16 增量式编码器接口的形状

象的连接方式及用途的不同。

表 6-1 增量式编码器引脚定义

引脚号	接线颜色	信号定义	引脚号	接线颜色	信号定义
1	黑色	A	6	灰色	$\overline{B}$
2	红色	$\overline{A}$	7	橙色	Z
3	棕色	+5V	8	黄色	$\overline{Z}$
4	蓝色	GND	9	屏蔽	F.G
5	白色	B			

3)结构组成。在教师的指导下,按照操作步骤小心拆解编码器,仔细观察编码器内部结构组成,分析各功能部件的功能和作用,做好记录;最后按要求重新组装各编码器。

(2) 编码器输出信号波形检测

1)电动机驱动连接。在教师的指导下,完成电动机驱动线路连接,能实现电动机起停、正反转及调速控制。

2)编码器接线。先检查编码器 5V 电源是否正常,将信号地与示波器接地端连接,再将编码器输出端口中 A 相、B 相引脚与双踪示波器的两个探头相连接,调节示波器通道能正常显示。

3)波形检测。打开电源使电动机旋转,适当调整示波器以便观察编码器的波形形状;改变电动机转向及速度,分析波形的变化情况,并做好记录。

(3) 电动机转速检测

1)数控车床主轴编码器。在教师的指导下,拆开数控车床主轴箱侧盖,找到主轴位置编码器并观察其位置、结构、连接及接线情况,分析数控车床在螺纹加工时主轴编码器的功能。

2)编码器接线。将编码器 A 相、B 相、C 相引脚分别同示波器输入端相连接,检查电源线是否正常;调试示波器能正常显示编码器波形。

3)检测转速。操作数控机床进行螺纹加工,记录采样时间 t 内输出的脉冲个数 K,根据公式 $n=60\times K/M/t$ 计算出此时主轴的转速,并与螺纹加工时所需转速相对比,公式中 n 为主轴的转速,其单位为 r/min,M 为编码器的分度数。

3. 识别及检测小结

将以上识别及检测过程中对应的识别特征及检测数据记录在任务实施记录表中,完成绝对式编码器及增量式编码器任务实施报告。

二、光栅尺的识别及检测

1. 工具、仪表及器材

(1) 工具 一般电工工具 1 套(螺钉旋具、扳手、验电器和剥线钳等)。

(2) 仪表 双踪示波器 1 台、万用表 1 只。

(3) 器材 光栅尺若干、光栅尺实训工作台、导线若干。

2. 识别及检测过程

（1）光栅尺识别

1）外观及铭牌识别。观察光栅尺的外观形状，注意区分定尺光栅及读数头的特点。仔细查看光栅尺的铭牌参数，分析各项技术参数的含义、功能及结构功能。

2）接口信号识别。仔细查看光栅尺输出信号接口的形状（见图6-17）。引脚分布及作用、引脚接线等情况如表6-2所示；分析光栅尺安装及使用注意事项。

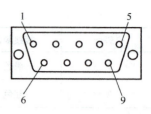

图 6-17 光栅尺接口的形状

表 6-2 光栅尺接口引脚定义

引脚号	接线颜色	信号定义	引脚号	接线颜色	信号定义
1	绿黑	$\overline{A}$	6	绿	A
2	黑	0V	7	红	+5V
3	橙黑	$\overline{B}$	8	橙	B
4	黑（粗）	地线	9	白	Z
5	白黑	$\overline{Z}$			

3）结构组成。在教师的指导下，按照操作步骤小心拆解光栅尺，仔细观察其内部结构组成，分析各功能部件的功能和作用，做好记录；最后按要求重新组装光栅尺。

（2）光栅尺输出信号波形检测

1）工作台电源连接。在教师的指导下，完成光栅尺实训工作台线路连接，能实现工作台左右移动及速度变化控制。

2）光栅尺接线。先检查光栅尺用5V电源是否正常，将信号地与示波器接地端连接，再将光栅尺输出端口中A相、B相引脚与双踪示波器的两个探头相连接，调节示波器通道能正常显示。

3）波形检测。打开电源使工作台分别向左、右移动，适当调整示波器以便观察光栅尺的波形形状；调节工作台移动速度，分析波形的变化情况，并做好记录。

3. 识别及检测小结

将以上识别及检测过程中对应的识别特征及检测数据记录在任务实施记录表中，完成光栅尺任务实施报告。

三、旋转变压器的识别及检测

1. 工具、仪表及器材

（1）工具　一般电工工具1套（螺钉旋具、扳手、验电器和剥线钳等）。

（2）仪表　旋转变压器中频电源、电源控制屏。

（3）器材　旋转变压器、波形测试及开关板、导线若干。

2. 识别及检测过程

（1）旋转变压器识别

1）外观及铭牌识别。观察旋转变压器的外观形状，注意区分不同绕组的接线情况。仔细查看旋转变压器的铭牌参数,分析各项技术参数的含义、功能及结构功能。

2)接口信号识别。仔细查看旋转变压器信号接口的形状(见图6-18)。引脚分布及作用、引脚接线等情况如表6-3所示。

图6-18 旋转变压器接口的形状

表6-3 旋转变压器接口引脚定义

引脚号	接线颜色	信号定义	引脚号	接线颜色	信号定义
1	白色	R(L)	5	棕色	SIN(H)
2	红白	R(H)	6	蓝色	SIN(L)
3	橙色	COS(L)	7	屏蔽	GND
4	橙红	COS(H)			

3)结构组成。在教师的指导下,按照操作步骤小心拆解旋转变压器,仔细观察其内部结构组成,分析各功能部件的功能和作用,做好记录;最后按要求重新组装旋转变压器。

(2)旋转变压器空载时的输出特性检测

1)输出特性检测接线。按照图6-19所示完成线路连接,图中电源选自电源箱上的专用电源,R 和 R_L 均为1200Ω 阻值的电阻,W1、W2 为励磁绕组,W3、W4 为补偿绕组,Z1、Z2 为余弦绕组,Z3、Z4 为正弦绕组。

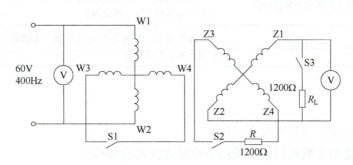

图6-19 旋转变压器接线图

2)将开关S1、S2、S3均设置为断开状态。

3)顺时针调节中频电源的"电压调节"旋钮,使定子励磁绕组两端W1、W2施加额定电压 $U_f = U_{fN} = 60V$ 且保持不变。

4)用手缓慢旋转刻度盘,找出余弦输出绕组输出电压为最小值的位置,此位置即为起始零位。

5)在0°~180°之间每转角10°测量一次转子余弦空载输出电压与刻度盘转角 θ 的数值并做好记录。

6)根据以上记录值,画出旋转变压器空载时的输出特性曲线并加以分析。

3. 识别及检测小结

将以上识别及检测过程中对应的识别特征及检测数据记录在任务实施记录表中,完成旋转变压器任务实施报告。

➤ 任务总结与评价

序号	项目及技术要求	评分标准	分值	成绩
1	增量式编码器识别	技术参数含义、接口引脚作用等每错一项扣1分,扣完为止	10分	
2	绝对式编码器识别	技术参数含义、接口引脚作用等每错一项扣1分,扣完为止	10分	
3	编码器信号检测	接线错误、测试方法错误、无法显示波形,每项扣2分,扣完为止	10分	
4	编码器测试电动机转速	接线错误、计算结果错误、无法显示波形,每项扣2分,扣完为止	10分	
5	光栅尺识别	技术参数含义、接口引脚作用等每错一项扣1分,扣完为止	10分	
6	光栅尺输出信号检测	接线错误、测试方法错误、无法显示波形,每项扣2分,扣完为止	10分	
7	旋转变压器识别	技术参数含义、接口引脚作用等每错一项扣1分,扣完为止	10分	
8	旋转变压器输出特性检测	接线错误、调试错误、绘制曲线误差较大,每项扣2分,扣完为止	10分	
9	安全规范	操作规范、仪表器材使用正确、无破坏或损坏,酌情扣分	20分	

➤ 课后习题

1. 简述数控机床位置检测单元的作用。
2. 对于不同类型的数控机床,采用的检测方式都有哪些?
3. 绝对式和增量式编码器各自的优缺点有哪些?
4. 简述感应同步器的结构及工作原理。
5. 简述磁栅尺的结构及工作原理。
6. 光电编码器的 A 相、B 相和一转信号各起什么作用?

任务2 位置检测装置故障的诊断与维修

➤ 知识目标

1) 了解位置检测装置的故障表现形式。
2) 掌握位置检测元件常见的故障现象。
3) 掌握常用位置检测元件安装及维护注意事项。
4) 掌握位置检测元件反馈信号形式及信号处理过程。

5）掌握位置检测装置典型故障的检修方法。

> **技能目标**

1）能用基本电工工具完成位置检测元件的拆装及更换操作。
2）能用示波器等工具检测出位置检测元件是否损坏。
3）能够根据故障现象判定位置检测装置是否有故障。
4）能正确分析位置检测装置的故障原因并排除故障。
5）能够操作数控机床查看诊断画面并修改系统参数等。

> **素养目标**

1）安全意识、信息素养、工匠精神。
2）集体意识和团队合作精神。
3）遵法守纪、崇德向善、诚实守信。
4）遵守职业规范、操作规程及7S管理制度。

> **必备知识**

一、位置检测装置的故障表现形式

当数控机床位置检测装置出现故障时，一般会在显示器上显示报警号及报警信息。在大多数情况下，若正在运动的轴实际位置误差超过机床参数所设定的允差值，则产生轮廓误差监视报警，对FANUC系统而言，常产生4＊1报警，其中＊号代表坐标轴；若机床坐标轴定位时的实际位置与给定位置之差超过机床参数设定的允差值，则产生静态误差监视报警，对FANUC系统而言，常产生4＊0报警，其中＊号代表坐标轴；若位置测量硬件有故障，则产生测量装置监控报警。

通常数控机床故障产生的原因比较复杂，有些看似电气故障却是因机械部件损坏引起，也有可能看似机械故障却由电器元件老化引起，但总体而言故障还是有规律可循的，当数控机床出现如下故障现象时，最有可能是由检测元件引起的。

1. 加减速时的机械振荡

1）脉冲编码器出现故障，此时检查速度单元上的反馈线端子电压是否下降，如有下降，则表明脉冲编码器不良。
2）脉冲编码器十字联轴节可能损坏，这将导致轴转速与检测到的速度不同步。
3）测速发电动机出现故障。

2. 机械暴走（飞车）

在检查位置控制单元和速度控制单元的情况下，应检查：
1）光电编码器接线是否错误，编码器接线是否为正反馈，A相和B相是否接反。
2）光电编码器联轴节是否损坏，若损坏应更换联轴节。
3）测速发电动机端子是否接反，励磁信号线是否接错。

3. 主轴不能定向或定向不到位

在检查定向控制电路设置，检查定向板与调整主轴控制印制电路板的同时，应检查位置检测器（编码器）是否良好。

4. 坐标轴振动进给

在检查电动机线圈是否短路，机械进给丝杠同电动机的连接是否良好，整个伺服系统是否稳定的情况下，应检查：

1）脉冲编码器是否良好。

2）联轴节连接是否平稳可靠。

3）测速发电机是否可靠。

5. NC 报警中因程序错误、操作错误引起的报警

如 FANUC 6ME 系统的 NC 报警 090、091。出现 NC 报警，有可能是主电路故障和进给速度太低引起，同时还有可能是：

1）脉冲编码器不良。

2）脉冲编码器电源电压太低（此时应调整电源的 15V 电压，使主电路板的 +5V 端上的电压值在 4.95~5.1V 内）。

3）没有输入脉冲编码器的一转信号而不能正常执行参考点返回。

6. 伺服系统的报警号

如 FANUC 6ME 系统的伺服报警：416、426、436、446、456；SIEMENS 880 系统的伺服报警：1364；SIEMENS 8 系统的伺服报警：114、104 等。

当出现以上报警号时，有可能是：

1）轴脉冲编码器反馈信号断线、短路和信号丢失，应用示波器测量 A 相、B 相及一转信号。

2）编码器内部受到污染、太脏，信号无法正确接收。

二、常用位置检测元件安装及维护注意事项

1. 光栅尺安装及维护注意事项

1）安装或拆卸光栅尺时一定要注意用静力，不能用硬物敲击，以免引起内部光学元件的损坏。安装时还要严格按照使用说明书的要求进行操作。

2）光栅尺的安装位置一般位于工作台底侧，很容易受到切削液、润滑油或粉尘等微粒的污染，影响光电信号的转换，降低位置控制精度。切削液或润滑油在使用过程中容易产生轻微结晶，这种结晶会在光栅尺读数头上形成一层透光性较差的薄膜，而且不易清除，所以在选用切削液时要慎重，要尽量避免这些污垢碰触光栅尺。

3）数控机床在加工过程中，要合理选择切削液的压力大小，流量也不要过大，以免在局部高温环境中形成大量的水雾进入光栅尺，影响光照强度，降低检测精度或信号丢失。

4）在使用过程中，光栅尺最好通入低压压缩空气（10Pa），以免读数头运动时形成负压把污物吸入光栅。压缩空气必须净化，滤芯应保持清洁并定期更换。

5）要定期清理、检查光栅尺，光栅尺表面的污物可以用脱脂棉蘸无水酒精轻轻擦除。

2. 编码器安装及维护注意事项

1）防振和防污。编码器属于精密测量元件，本身具备良好的封闭性，在进行安装、使用及拆卸时要与光栅尺一样注意防振和防污。污染容易出现在导线引出部位或接插头位置，应做好这些部位的防护措施，避免造成信号丢失；振动容易造成内部紧固件松动脱落，引起

内部短路或器件损坏。

2）防连接松动问题。脉冲编码器用于位置检测时有两种安装形式，一种是编码器与伺服电动机同轴安装，称为内装式编码器；另一种是编码器安装在传动链末端，称为外装式编码器，当传动链较长时，这种安装方式可以减小传动链累积误差对位置检测精度的影响。不管是哪种安装方式，都要注意编码器连接松动的问题。连接松动往往会影响位置控制精度。另外，在有些交流伺服电动机中，内装式编码器除了具有位置检测功能外，同时还具有测速和交流伺服电动机转子位置检测的作用，因此编码器连接松动还会引起进给运动的不稳定，影响交流伺服电动机的换向控制，从而引起机末的振动。另外，编码器通过传动带与传动连接，传动带调整过紧，给编码器轴承施加力过大，也容易损坏编码器。

3）防连接不当。光电脉冲编码器轴与电动机轴或丝杠端连接应采用弹性联轴器，不宜采用刚性连接，以免由于电动机轴或丝杠端窜动或跳动，造成光电脉冲编码器轴系或码盘的损坏。

3. 感应同步器安装及维护注意事项

1）安装时，必须保持定尺和滑尺相对平行，而且定尺固定螺栓不得超过尺面，调整间隙在 0.05~0.25mm 为宜。保证定尺和滑尺在全部工作长度上正常耦合，减少测量误差。

2）在定尺绕组表面上有一层耐切削液的清漆涂层，在滑尺绕组表面上贴一层带塑料薄膜的绝缘铝箔，因此在安装及使用时，一定要避免损坏涂层和铝箔，以防腐蚀或干扰发生。

3）一般在感应同步器上安装防护罩，要防止切屑、切削液等进入定尺和滑尺之间，以损坏定尺表面涂层和滑尺表面带绝缘层的铝箔。

4）接线时要分清滑尺的正弦绕组和余弦绕组，其阻值基本相同，这两个绕组必须分别接入励磁电压。

4. 旋转变压器安装及维护注意事项

1）旋转变压器的定子上有相等匝数的励磁绕组和补偿绕组，转子上也有相等匝数的正弦绕组和余弦绕组，但转子和定子的绕组阻值却不同，一般定子绕组的阻值稍大，有时补偿绕组会自行短接或接入一个阻抗，在接线时要注意区分。

2）由于旋转变压器结构上与绕线转子异步电动机相似，因此，电刷磨损到一定程度后要予以更换。

5. 磁栅尺安装及维护注意事项

1）要防止金属屑和油污落在磁性标尺和磁头之间，以防将磁性膜刮坏或污染，清理磁头时要用脱脂棉蘸无水酒精轻轻地擦其表面。

2）不能用力拆装和撞击磁性标尺和磁头，否则会使磁性减弱或使磁场紊乱。

3）接线时要分清磁头上励磁绕组和输出绕组，前者绕在磁路截面尺寸较小的横臂上，后者绕在磁路截面尺寸较大的竖杆上。

4）粘接式薄型尺带必须黏合到清洁、干燥、平整的表面。安装前可以用50%的酒精或庚烷清洗粘接表面。

5）磁头应与磁条平行，磁头与磁条之间的间隙应在1mm左右，使信号更稳定，精度更高。

三、位置检测信号处理

1. 输出信号

增量式旋转测量装置或直线测量装置的输出信号有两种形式：一是电压或电流正弦信号；二是 TTL 电平信号。机床在运动过程中，从扫描单元输出三组信号：两组增量信号由四个光电池产生，把两个相差 180° 的光电池接在一起，它们的推挽就形成了相位差 90°、幅值为 11μA 左右的 I_{e1} 和 I_{e2} 两组近似正弦波，一组基准信号也由两个相差 180° 的光电池接成推挽形式，输出为一个峰值信号 I_{e0}，其有效分量约为 5.5μA，此信号只有经过基准标志时才产生。所谓基准标志，是在光栅尺身外壳上装有一块磁铁，在扫描单元上装有一只干簧管，在接近磁铁时，干簧管接通，基准信号才能输出。

两组增量信号 I_{e1}、I_{e2} 经传输电缆和插接件进入脉冲整形插值器，经放大、整形后，输出两路相位差为 90° 的方波信号 U_{a1}、U_{a2} 及参考信号 U_{a0}，这些信号经适当组合处理，即可在一个信号周期内产生 5 个脉冲，即 5 倍频处理，经连接器送至 CNC 位控模块。

2. 整形插值器信号处理

整形插值器的作用是将光栅尺或编码器输出的脉冲增量信号 I_{e1}、I_{e2} 和 I_{e0} 进行放大、整形、倍频和报警处理，输出至 CNC 进行位置控制。整形插值器由基本电路和细分电路组成，如图 6-20 所示。

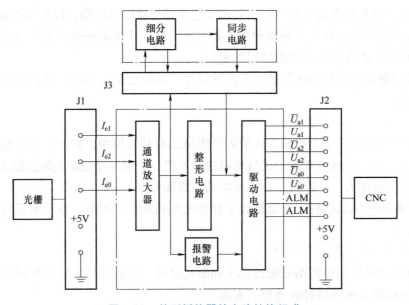

图 6-20 整形插值器的电路结构组成

基本电路印制电路板包括通道放大器、整形电路、报警电路等，细分电路作为一种任选功能单独制成一块电路板，两板之间通过 J3 连接器连接。

1）通道放大器。当光栅检测产生正弦波电流信号 I_{e1}、I_{e2} 和 I_{e0} 后，经通道放大器输出一定幅值的正弦电流电压。

2）整形电路。在对 I_{e1}、I_{e2} 和 I_{e0} 放大的基础上，经整形电路转换成与之相对应的三路方波信号 U_{a1}、U_{a2} 及 U_{a0}，其 TTL 高电平大于或等于 2.5V，低电平小于或等于 0.5V。

3）报警电路。当光栅由于输入电缆断裂、光栅污染或灯泡损坏等原因，造成通道放大器输出信号为零，这时报警信号经驱动电路驱动后，由连接器 J2 输出至 CNC 系统。

4）细分电路。某些精度很高的数控机床，仅靠光栅尺本身的精度不能满足要求，如数控磨床的位置控制中，要求位置测量有较高的分辨率，为此必须采用细分电路来提高分辨率，以适应高精度机床的需求。基本电路通道放大器的输出信号经连接器 J3 接入细分电路，经细分电路处理后，又通过连接器 J3 输出在一个周期内两路相位差 90°，占空比为 1∶1 的五细分方波信号。这两路方波信号经基本电路中的驱动电路驱动后，即为对应的 U_{a1} 和 U_{a2} 通道信号，由连接器 J2 输出至 CNC 系统。

另外，设置同步电路的目的是为了获得与 U_{a1} 和 U_{a2} 两路方波信号前、后沿精确对应的方波参考脉冲。

四、位置检测装置典型故障检修案例分析

1. 数控车床主轴位置编码器典型故障案例

（1）故障现象　某配套 FANUC Oi-TD 系统的数控车床，在自动加工时不能执行螺丝加工程序。

（2）故障分析

1）数控车床螺纹加工原理：数控车床加工螺纹，其实质是主轴的转角与 Z 轴进给之间进行插补，主轴每旋转一周时 Z 轴要匀速移动一个螺距的距离。主轴的角度位移是通过主轴编码器进行测量的。

2）故障发生的原因分析：

① 主轴编码器与主轴驱动器之间的连接不良。

② 主轴编码器故障。

③ 主轴驱动器与数控之间的位置反馈信号电缆连接不良。

④ 编程或参数错误。

（3）故障处理

1）检查主轴位置编码器安装是否规范，反馈信号与主轴驱动器间的连接线是否松动、脱落或断裂；经查，主轴位置编码器安装及连接正常。

2）用示波器检测编码器的 A、B、Z 信号是否正常，以排查编码器是否有故障；经查，主轴位置编码器能正常工作，无故障。

3）查阅系统说明书，发现螺纹加工时系统进行的是主轴每转进给动作，因此它与主轴的速度到达信号有关；在 FANUC 数控系统中主轴的每转进给动作与参数 PRM24.2 的设定有关，该参数值为"0"时，Z 轴进给时不检测"主轴速度到达"信号；参数值为"1"时，Z 轴进给时要检测"主轴速度到达"信号。本数控车床该参数值为 1，因此只有"主轴速度到达"信号为"1"时，才能实现进给。

4）起动数控机床，使主轴转速达到与螺纹加工时的指令转速一致，检查主轴速度到达信号（G120#4 SAR）是否为 1；经查，发现此时信号为 0，进一步检查发现，该信号线断开，将该信号线重新连接后，螺纹加工恢复正常。

2. 某 FANUC Oi 系统数控车床 350 号报警典型故障案例

（1）故障现象　数控车床在正常工作中，出现 350 号报警，加工无法正常进行。

(2) 故障分析

1) 根据报警号，查阅报警产生的直观原因为串行脉冲编码器故障或断线报警。

2) 通过系统诊断功能，查看诊断号 202 和 203 的具体报警位，进一步明确故障原因，202 号诊断参数各位的符号及分布见表 6-4，203 号诊断参数各位的符号及分布见表 6-5。

表 6-4 202 号诊断号参数各位的符号及分布

202	#7	#6	#5	#4	#3	#2	#1	#0
		CSA	BLA	PHA	RCA	BZA	CKA	SPH

#6（CSA）：串行编码器的硬件出现异常。
#5（BLA）：电池的电压过低（警告）。
#4（PHA）：串行脉冲编码器或反馈电缆出现异常，反馈信号计数器有误。
#3（RCA）：串行编码器出现不良，转数计数器有误。
#2（BZA）：电池的电压变为 0，更换电池，设定参考点。
#1（CKA）：串行编码器不良，内部时钟停止工作。
#0（SPH）：串行编码器或反馈电缆出现异常，反馈信号计数器有误。

表 6-5 203 号诊断参数各位的符号及分布

203	#7	#6	#5	#4	#3	#2	#1	#0
	DTE	CRC	STB	PRM				

#7（DTE）：串行脉冲编码器的通信异常，通信没有应答。
#6（CRC）：串行脉冲编码器的通信异常，传送数据有误。
#5（STB）：串行脉冲编码器的通信异常，传送数据有误。
#4（PRM）：数字伺服侧检测到报警，参数设定值不正确。

(3) 故障处理

1) 检查编码器信号反馈线是否完好，编码器外壳是否有损伤；经查，编码器反馈线连接完好，外部形状正常。

2) 用示波器检测编码器反馈信号波形是否正常，判断编码器是否损坏；经查，编码器工作正常。

3) 关机重新起动数控机床，发现 X 轴有抖动现象，350 号报警消失，但出现 X 轴回参考点报警，按要求操作 X 轴回零点后，又出现了 350 号报警，关机新起动仍产生 X 轴零点丢失报警；仔细检查发现故障发生时机床有抖动并且 X 轴位置大致相同，所以怀疑丝杠有问题，拆下机床丝杠防护罩，发现丝杠保护套被卡住，并且有切屑卡在丝杠螺母的密封盖缝隙中，拆下丝杠清理切屑，重新安装后，机床故障修复。

3. 某 FANUC 0i 系统立式加工中心 416 号报警案例

(1) 故障现象 采用全闭环控制的某立式加工中心，加工中 X 轴经常出现 416 号报警，并伴有系统振荡及噪声很大的现象。

(2) 故障分析

1) 由报警号检查产生 416 号报警的直观信息为 X 轴检测元件断线故障。

2) 加工中心采用光栅尺作为位置检测元件，根据报警信息要判断检测单元是硬件断线还是软件断线，硬件断线要仔细检查反馈信号线，软件断线重点检查参数值设定情况。

(3) 故障处理

1) 检查光栅尺安装位置及污物情况是否正常，检查反馈信号线是否松动、脱落或断裂。经查，光栅尺稍有污物，用脱脂棉蘸无水酒精进行清理后，无明显效果。

2) 采用示波器检测光栅尺反馈信号，以确认光栅尺能否正常工作；经查，光栅尺反馈信号正常，信号强度稍低，怀疑光栅尺年久性能降低，造成软断线报警。

3) 光栅尺价格较贵，不能及时更换，将系统位置增益 1825 号参数从 3000 降低到 1500，416 号报警消除。

4. 某加工中心 X 轴回零时出现 PS200 报警案例

(1) 故障现象　某配套 FANUC 11M 系统的卧式加工中心，在 X 轴回参考点时，CNC 显示 PS200 报警。

(2) 故障分析

1) 报警在回零中产生，首先要检测回零动作是否正常；检查该机床回参考点减速动作是否正常，系统与回参考点有关的全部参数设定是否正确，确认加工中心各轴回零相关参数正确无误。

2) 分析光栅尺反馈信号是否能正常反馈给控制单元，检查光栅尺前置放大器（EXE601）是否正常。

3) 检查光栅尺是否故障。

(3) 故障处理

1) 检查该机床回参考点减速动作及全部回零参数设定无误，初步判定故障是由于"零脉冲"不良引起的。

2) 该加工中心采用的是全闭环结构，检测元器件使用的是 HEIDENHAIN 公司生产的光栅尺，且 X、Y、Z 轴使用的品牌规格均相同，采用更换法将 X、Y 轴的光栅尺前置放大器（EXE601）进行互换，故障仍存在，怀疑光栅尺故障。

3) 拆下光栅尺检查，发现该光栅尺由于使用时间较长，内部光栅尺已被污染，重新清洗处理；重新安装光栅尺，故障排除，机床恢复正常。

5. 某 FANUC 11M 系统卧式加工中心 B 轴旋转不停案例

(1) 故障现象　该卧式加工中心的工作台旋转轴 B 轴，在自动加工过程中完成工作台旋转动作后，无法停止，继续旋转。

(2) 故障分析

1) 该机床 B 轴的位置检测元件是感应同步器，其定尺上有两组线圈——正弦绕组和余弦绕组。经检测发现其正弦绕组与机床外壳的阻值为零，怀疑正弦绕组不正常。

2) 拆开感应同步器外部保护壳，发现有大量机油从绕组内部流出，用棉纱擦拭干净后，发现绕组用铝箔包裹，铝箔与机床外壳的阻值为零。

3) 将外部铝箔小心揭开，仔细清理内部油污，再测量时正弦绕组与机床外壳的阻值为无穷大，说明由于油污造成短路。

(3) 故障处理

1) 仔细清洁绕组内部油污，保证绕组外部绝缘漆不继续被机油侵蚀。

2) 清理掉绕组外部铝箔，防止绕组通过铝箔与机床床身断接，外部加适量绝缘胶。

3）更换油封，防止机油再次渗入绕组中造成侵蚀。
4）重新安装感应同步器，故障排除，机床恢复正常工作。

➤ 任务实施

一、位置检测装置认知

1. 工具、仪表及设备

（1）工具　一般电工工具1套（螺钉旋具、扳手、验电器和剥线钳等）。
（2）仪表　示波器、万用表等。
（3）设备　含位置检测装置的数控机床。

2. 认知实践过程

1）在指导教师带领下参观数控机床，查看不同机床采用的位置检测装置有哪些区别，分析各机床开环、半闭环及全闭环控制方式的差异，讨论各位置检测元件的工作原理。
2）认真观察不同位置检测元件的安装方式、安装位置、反馈形式的不同，现场区分不同位置检测元器件的安装及使用维护注意事项。
3）在教师的指导下，动手拆装位置检测元器件，用万用表、示波器检测各位置检测元件电源、反馈信号等，了解位置检测元件应用环境及性能要求。

3. 认知总结

将以上实践过程中对应的认知知识及检测数据记录在任务实施记录表中，完成任务实施报告。

4. 注意事项

1）学生进入实训场地后，应严格遵守安全操作规程。
2）未经许可，严禁乱动机床设备。
3）在指导教师的监督下，进行位置检测元件的拆装及检测。

二、位置检测装置故障检修

1. 工具、仪表及设备

（1）工具　一般电工工具1套（螺钉旋具、扳手、验电器和剥线钳等）。
（2）仪表　示波器、万用表等。
（3）设备　含位置检测装置的数控机床。

2. 故障检修过程

1）手动操作数控机床，观察机床运动过程，查看位置检测元件的运行情况。
2）先将位置检测元件反馈电缆拔下，通电后，观察故障现象，并加以排除。进行此步操作时应先切断机床电源，再通电试运行，排除故障时应注意断电，确保安全。
3）先将紧固位置检测元件的螺钉松动，再通电执行手动操作，观察机床故障，然后断电，紧固固定位置检测元件的螺钉。

3. 检修总结

将以上检修过程中对应的操作步骤及检修过程记录在任务实施记录表中，完成任务实施报告。

4. 注意事项

1）学生进入实训场地后，应严格遵守安全操作规程。
2）未经许可，严禁乱动机床设备。
3）在指导教师的监督下，进行位置检测元件的故障检修。

➢ 任务总结与评价

序号	项目及技术要求	评分标准	分值	成绩
1	编码器故障诊断与维修	不能找出编码器故障扣10分，不能检测编码器反馈信号扣5分，不能查阅诊断号或修改参数扣5分，不能修复扣10分，扣完为止	30分	
2	光栅尺故障诊断与维修	不能找出光栅尺故障扣10分，不能检测光栅尺扣5分，不能查阅诊断号或修改参数扣5分，不能修复扣10分，扣完为止	30分	
3	感应同步器故障诊断与维修	不能找出感应同步器故障扣10分，不能分辨正、余弦绕组扣5分，不能查阅诊断号或修改参数扣5分，不能修复扣10分，扣完为止	20分	
4	安全规范	操作规范、仪表器材使用正确、无破坏或损坏，酌情扣分	20分	

➢ 课后习题

1. 数控机床位置检测装置故障的表现形式是什么？
2. 对于数控机床飞车故障，通常从哪些方面进行排查？
3. 简述光栅尺安装及维护注意事项。
4. 简述感应同步器的安装及维护注意事项。
5. 简述磁栅尺的安装及维护注意事项。
6. 简述位置检测信号的处理内容。

项目7
换刀装置及辅助装置的故障诊断与维修

> 学习指南

自动换刀装置是数控机床重要的执行机构，具有根据加工工艺要求自动更换所需刀具的功能，可满足在一次安装中完成多工序、多工步加工要求，节省数控机床辅助时间。自动换刀装置运行的可靠性直接影响机床的加工质量和效率，而该装置机构较为复杂，且在工作中又频繁运动，故障率较高。目前机床上有50%以上的故障都与之有关，如何快速排除出现的故障，保证自动换刀装置长期稳定的运转，是目前保证设备使用效率的重要手段。

数控机床辅助装置是保证充分发挥数控机床功能所必需的配套装置，常用的辅助装置包括：气动、液压系统，冷却、润滑系统，排屑装置，防护装置等，各种辅助装置在保证机床正常工作中发挥着重要作用。

本项目主要针对换刀装置及辅助装置常见的故障进行分析诊断与维修。熟悉常见的故障类型与维修方法，掌握基本的维修操作步骤，能够对故障现象进行分析并解决处理故障。

> 内容结构

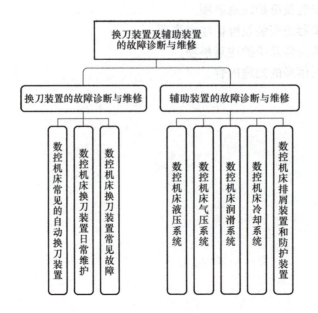

任务1　换刀装置的故障诊断与维修

➤ 知识目标

1) 熟悉数控机床换刀装置常见的故障类型。
2) 熟悉数控机场换刀装置故障诊断的处理方法。

➤ 技能目标

1) 能够分析数控机床换刀装置出现的故障现象。
2) 能够解决处理常见的数控机床换刀装置故障。

➤ 素养目标

1) 在实训活动中，让学生自觉树立并培养良好的职业道德及职业习惯的意识。
2) 在实训活动中，让学生领会规范、高效、协作、精益求精等职业道德与素质精神。

➤ 必备知识

一、数控机床常见的自动换刀装置

数控机床自动换刀装置的结构与机床的类型、工艺范围、使用刀具的种类和数量息息相关。数控机床常用的自动换刀装置有转塔式、刀库式。

刀库式自动换刀装置一般是由刀库、机械手臂和驱动机构等部件组成，刀库存放着加工时所需要的刀具。具有刀库和机械手的自动换刀装置结构比较复杂，多坐标数控机床（如加工中心）大多采用这类自动换刀装置。目前常见的加工中心使用的刀库有斗笠式刀库和圆盘式刀库这两种，而链条式刀库由于价格相对昂贵使用较少。

1. 刀库（见图 7-1）

图 7-1　加工中心刀库

刀库的功能是储存加工工序所需的各种刀具，并按程序指令把将要用的刀具迅速准确地送到换刀位置，并接受从主轴送来的已用刀具。刀库内需要刀具运动机构来保证每一把刀具能够到达换刀位置。刀库中的刀具定位机构是用来保证要更换的每一把刀具或刀套都能准确地停在换刀位置上。刀库的类型有很多,根据形状来分类有斗笠式刀库、圆盘式刀库和链条式刀库等多种类型,这些刀库的容量几把到几百把刀具不等,一般为8~64把,多的可达100~200把。

2. 换刀机械手(见图7-2)

机械手是自动换刀装置的重要机构,它的功能是把用过的刀具送回刀库,并从刀库上取出新刀送入主轴。加工中心的换刀可分为有机械手换刀方式和无机械手换刀方式两大类。大多数加工中心都采用有机械手换刀方式。无机械手换刀方式只适用于40号刀柄以下的小型加工中心(如XH754型卧式加工中心)。

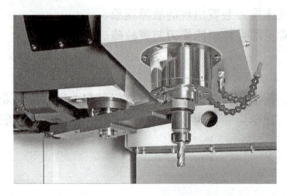

图7-2 加工中心换刀机械手

二、数控机床换刀装置日常维护

1)严禁把超重、超长的刀具装入刀库,防止发生碰撞。

2)顺序选刀方式必须保证刀具在刀库上的顺序要正确。其他选刀方式也要注意所换刀具号与所需刀具一致,防止换错刀。

3)用手动方式往刀库上装刀时,要确保安装到位,确保装夹牢靠,并要注意保持刀座锁紧可靠。

4)经常检查刀库的回零位置是否正确。

5)保持刀具刀柄和刀套清洁。

6)开机时,应先使刀库和机械手空运行,检查运行是否正常,发现不正常时,应及时处理。

三、数控机床换刀装置常见故障

本任务重点介绍圆盘式刀库换刀装置常见故障的诊断与维修。

1. 刀库常见的故障

刀库常见故障有刀库不能转动或转动不到位,刀库的刀套不能夹紧刀具,刀套上、下不到位等。

(1)刀库不能转动故障的原因

1)连接电动机轴与蜗杆轴的联轴器松动。

2）变频器有故障，应检查变频器的输入、输出电压是否正常。

3）PLC 无控制输出，可能是接口板中的继电器失效。

4）机械连接过紧或黄油粘涩。

5）电网电压过低（低于370V）。

若刀库能转动但转动不到位，则其故障原因有：电动机转动故障、传动机构误差等。

（2）刀套不能夹紧刀具故障的原因

1）刀套上的调整螺母松动或弹簧太松，造成卡紧力不足。

2）机床配件刀具超重。

（3）刀套上、下不到位故障的原因

1）装置调整不当或加工误差过大而造成拨叉位置不正确。

2）机床配件因限位开关安装不准或调整不当而造成反馈信号错误。

（4）刀套不能拆卸或停留一段时间才能拆卸故障的原因

1）操纵刀套 90°拆卸的气阀松动，气压不足。

2）刀套的转动副锈蚀。

2. 换刀机械手常见的故障

1）刀具夹不紧。常见原因有风泵气压不足，机床配件增压漏气，刀具卡紧气压漏气，弹簧上的螺母松动等。

2）刀具夹紧后松不开。常见原因为松锁刀的弹簧压合过紧，应逆时针旋松弹簧上的螺母，使最大载荷不超过额定数值。

3）刀具从机械手中脱落。常见的原因有刀具超重，机械手锁紧卡损坏或没有弹出来。换刀时主轴箱没有回到换刀点或换刀点漂移、机械手抓刀时没有到位就开始拔刀等也会导致换刀时掉刀。这时应重新操作主轴箱，使其回到换刀点位置，重新设定换刀点。

4）机械手换刀速度过快或过慢。常见原因有气压太高或太低，换刀气阀节流开口太大或太小等。

5）机械手在主轴上装不进刀。发生此故障时，应考虑主轴准停装置失灵或装刀位置不对。检查主轴的准停装置，并校准检测元件。

➤ 任务实施

一、刀库故障

案例 1 实训中心某配置为 FANUC Oi 数控系统的加工中心出现刀库换刀故障，分析故障可能的原因为加工中心 PMC 部分出现参数丢失或系统记忆值与实际不符。

具体故障检测及处理步骤如下：

1）手动方式使刀库回到原位位置，即 1 号刀座对应换刀位置。

2）通过系统 PMC 参数画面，初始化数据表，数据表的 D00 设定为 0，D1~D024 设定值分别为 1、2、3~24。

3）通过系统 PMC 参数画面，刀库计数器初始化设定为 23。

4）系统 MDI 方式下，把实际刀具送回到刀库中。

案例 2 实训中心某配置为 FANUC Oi 系统的一加工中心，Z 轴在加工过程中，刀库执行换刀指令。当换至第 6 把刀位时，刀库左右摇摆，找不到刀位，加工自行停止，并出现报警。分析查阅机床使用说明书，报警内容提示 PLC 控制侧电路有故障。

具体故障检测及处理步骤如下：

1) 通过查阅检修记录单发现曾出现过类似的故障，但刀库摆动幅度很小。解除报警并返回原点后，还能正常加工。

2) 检查强电电路，没有问题。

3) 检查系统参数和相关的 PLC 程序，都在正常状态。

4) 检查 Z 轴中有关的导线和插接件，都在完好状态。

5) 拆开换刀装置的传动部件，发现换刀电动机转子轴上的齿轮有轻微的松动。

6) 进一步检查，方形连接件已经磨去了棱角，变成了椭圆形，导致机械传动不能到位。

7) 更换同型号的连接件，并仔细调整相关的齿轮后，换刀恢复正常。

二、机械手换刀故障

案例 1 实训中心某配置为 FANUC Oi 数控系统的加工中心在执行换刀时，机械手发生卡刀，此时电源尚未切断，紧急停止按钮未被按下；有时在执行换刀时，突然断电或紧急停止按钮被按下时造成换刀中断。

具体故障检测及处理步骤如下：

1) 先按"RESET"键，将 M06 的状态解除。

2) 切换至 MDI 模式输入 M95，此时屏幕上显示报警信息"2020ARMTR0uBLESHOOTING"。

3) 按下"F0"键，确认机械手目前所处状态。

4) 判断机械手目前的状态：

① 若机械手在 60°~180°之间（不含 60°和 180°的位置）且已经松刀，可直接按"F0"键，此时机械手则以寸动的方式往 180°的位置转动，等到确实在 180°的位置时，按键无效。接下来转到 MDI 模式输入 M75 夹刀，待夹刀完成后继续按"F0"键，直到机械手转到 0°的位置时，按键无效且报警信息解除，此时表示故障排除。

② 若机械手在 60°的位置且未松刀，转到 MDI 模式输入 M73，待松刀完成后可直接按"F0"键，此时机械手则以寸动的方式往 180°的位置转动，等到确实在 180°的位置时，按键无效。接下来转到 MDI 模式输入 M75 夹刀，待夹刀完成后继续按"F0"键，直到机械手转到 0°的位置时，按键无效且报警信息解除，此时表示故障排除。

③ 若机械手在 180°的位置且未夹刀，此时按"F0"键无效，必须先执行 M75 后按键才可继续以寸动的方式将机械手转到 0°的位置，待机械手到 0°的位置时，按键无效且报警信息解除，此时表示故障排除。

④ 若机械手在 180°的位置，直接按"F0"键，以寸动的方式将机械手转到 0°的位置，待机械手到 0°的位置时，按键无效且报警信息解除，此时表示故障排除。

⑤ 若机械手在 60°以前（不含 60°的位置）且未松刀，直接按"F0"键，此时机械手则以寸动的方式往 60°的位置转动，等确实在 60°的位置时，按键无效，输入 M73 松刀，完成后可继续按"F0"键，直到机械手到达 180°的位置时，按键无效，继续输入 M75 夹刀，待夹刀完成后继续按"F0"键，直到机械手转到 0°的位置时，按键无效且报警信息解除，此时

表示故障排除。

5)当故障排除完成后,应检查主轴刀及预备刀是否正确,若有错误可自行更换刀具。

案例2 实训中心某加工中心,在加工过程中进行自动换刀时,出现"掉刀"现象。故障发生时没有出现任何报警。分析故障原因可能为换刀有关的机械部分和电器元件故障。

具体故障检测及处理步骤如下:

1)经查阅机床维修档案,发现故障一开始偶尔发生,大体在两三个月发生一次;后来故障次数越来越多。

2)观察发现,设备在加工过程中换刀顺序完全正常,动作均已执行,没有任何报警,所以对"掉刀"没有察觉。当操作者进行检查或听到"掉刀"所发出的异常声音后,才会知道发生"掉刀"故障。

3)从PLC梯形图上看,这台机床的换刀程序有900多步,纵横交错很难分析其工作原理。

4)根据自动换刀的基本原理,决定执行下述故障诊断步骤:

① 检查机械手。把机械手停止在垂直极限位置,检查机械手手臂上的两个量爪,以及支持量爪的弹簧等附件,没有变形、松动等情况。

② 检查主轴内孔刀具卡持情况。拆开主轴进行检查,发现其内部有部分碟形弹簧已经破碎,主轴内孔中碟形弹簧的作用是对刀具卡持紧固,如果碟形弹簧损坏会引起刀具不到位甚至装不上刀。更换全部碟形弹簧,试运行时没有发生问题,工作一段时间后故障又出现了。

5)经过推断分析,该故障仅出现在换刀动作过程中,与其他动作无关,编辑一个自动换刀重复执行程序,对换刀动作过程进行仔细观察:

O0200;

S500;

M03;

G04 X3.0;

M06;

M99;

%

在运行此程序时,发现主轴刀具夹紧动作还没有到位,甚至还没有进行夹紧动作时,机械手就转动起来了,从而引起"掉刀"故障。

6)据此推断,故障原因很可能是主轴刀具夹紧到位的行程开关误动作,引起机械手回转,导致没夹紧的刀具出现掉刀故障。

7)主轴刀具夹紧刀位的行程开关连接到PLC上的输入点X2.5。查阅梯形图,反复按下并监视X2.5的工作情况,发现在20多次的压合中,有3次出现误动作,判断行程开关性能不良。

8)拆卸行程开关进行检测,确认该行程开关有故障。根据检查结果更换同规格型号的行程开关,机床"掉刀"的故障被排除。

三、PMC 故障

案例 1 实训中心某配置为 FANUC 0i 数控系统的加工中心在加工过程中，每当执行到 M06 换刀程序时，突然跳到下面的插补程序，没有更换刀具而直接使用原来的刀具加工。此时，后面刀库中的刀具仍然处于待选过程中。分析原因可能为换刀机构故障或 PMC 梯形图与换刀有关的程序和参数错误。

具体故障检测及处理步骤如下：

1）在 MDI 手动输入方式下，单独执行"T2；M06；"换刀程序，可以正常地交换刀具，说明换刀执行机构在正常状态。

2）再执行换刀和插补连贯程序"T2；M06；G01 X200.0 Y150.0；M30"，还是不能交换刀具。

3）打开 PMC 梯形图的参数界面，查看与换刀有关的一些程序和参数，并与另外一台正常工作的同型号机床机型比较。有关的一些定时器、计数器的状态完全一致，数据表也没有区别。但是在保持型继电器 K03#1 中，故障机床的状态是"1"，而正常机床的状态是"0"。

4）修改故障机床中的程序，将保持型继电器 K03#1 的状态更改为"0"，这条指令的作用可能是定义换刀功能，而故障的原因可能是外部干扰导致 K03#1 的状态发生改变。

案例 2 实训中心某配置为 FANUC 0i 数控系统的加工中心加工完某一工件后，转动刀库并检查刀具是否破损。再加工下一个工件时，不能执行换刀动作，而直接使用主轴原来的刀具。分析原因可能为转动刀库时造成系统数据紊乱，以致 PMC 无法判断主轴上的刀号是否为目标刀号。

具体故障检测及处理步骤如下：

1）检查刀库的机械部分，使其处于完好状态。

2）换刀部分有关的程序检查。从电气图样中查到#1001 对应地址是 G0054.1。当转动刀库时，观察到梯形图中 C0006 的数据也在改写。当 C0006 的数据正好和换取的目标刀号一致时，就出现换刀错误。

3）对比另一台正常机床，可知用 C0006 作为主轴上的刀号是错误的。D0420 的数据才是换刀后主轴刀号寄存器数据，应该用 D0420 代替 C0006。

① 在计算机中安装 FANUC-LADDER-3 编程软件。
② 通过 CF 卡将 PMC 程序传入计算机。
③ 在计算机中修改程序，将有关程序段的 C0006 换成 D0420，并加以保存。
④ 将修改的程序再回传至机床。
⑤ 重新启动机床，检查所修改的程序是否正确。

通常数控加工中心自动换刀功能出现故障的原因主要有：某个输入或输出信号不对，出现短路、断路，位置检测不到位，刀库乱刀，数刀计数器出错，继电器损坏；以及与之有联系的液压、气压系统，机械卡死、松脱等。有些故障相对少见，故障点隐蔽，报警信息少，甚至无报警情况下，需要仔细的观察与分析。

任务总结与评价

序号	项目及技术要求	评分标准	分值	成绩
1	工作准备	计划是否条理、全面、完善	20分	
2	任务分析	任务要求是否明确	20分	
3	故障查找	能够依据故障现象，找到故障点	30分	
4	故障处理	能够规范操作处理故障	30分	

课后习题

1. 简述数控机床常见自动换刀装置包括的类型。
2. 简述数控机床换刀装置的日常维护。
3. 简述数控机床换刀装置的常见故障。

任务2 辅助装置的故障诊断与维修

知识目标

1）熟悉数控机床辅助装置常见的故障类型。
2）熟悉数控机床辅助装置故障诊断的处理方法。

技能目标

1）能够分析数控机床辅助装置出现的故障现象。
2）能够解决并处理常见的数控机床辅助装置故障。

素养目标

1）在实训活动中，让学生自觉树立培养良好的职业道德及职业习惯的意识。
2）在实训活动中，让学生领会规范、高效、协作、精益求精等职业道德与素质精神。

必备知识

数控机床作为制造业重要的装备，除了在其机械结构和数控系统等方面要达到一定的要求，保证数控机床可靠稳定的工作外，辅助装置也是不可忽视的部分。数控机床的辅助装置主要包括润滑系统、冷却系统、排屑装置及防护装置等。这些装置虽然不直接参与切削运动，但对加工中心的加工效率、加工精度和可靠性起着保障作用，因此也是加工中心中不可缺少的部分。本任务主要针对加工中心相关的辅助装置常见的故障进行诊断与维修。

一、数控机床液压系统

液压泵一般采用变量泵,以减少液压系统的发热。油箱内安装的过滤器,应定期用汽油或超声波振动清洗。常见故障主要是泵体磨损、裂纹和机械损伤,此时一般必须大修或更换零件。

二、数控机床气压系统

在用于刀具或工件夹紧、安全防护门开关以及主轴锥孔吹屑的气压系统中,空气过滤器应定时放水,定期清洗,以保证气动元件中运动零件的灵敏性。阀芯动作失灵、空气泄漏、气动元件损伤及动作失灵等故障均由润滑不良造成,故油雾器应定期清洗。此外,还应经常检查气动系统的密封性。

三、数控机床润滑系统

数控机床良好的润滑对提高各相对运动件的使用寿命、保持良好的动态性能和运动精度等具有重大的意义。在数控机床的运动部件中,既有高速的相对运动,也有低速的相对运动,既有重载的部位,也有轻载的部位,所以在数控机床中通常采用分散润滑与集中润滑、油润滑与脂润滑相结合的综合润滑方式对数控机床的各个需要润滑的部位进行润滑。润滑泵内的过滤器需定期清洗、更换,一般每年应更换一次。

四、数控机床冷却系统

数控机床的电控系统是整台机床的控制核心,其工作时的可靠性以及稳定性对数控机床的正常工作起着决定性作用,并且电控系统中间的绝大部分元器件在通电工作时均会产生热量,如果没有充分适当的散热,容易造成整个系统的温度过高,影响其可靠性、稳定性及元器件的使用寿命。数控机床的电控系统一般采用在发热量大的元器件上加装散热片与采用风扇强制循环通风的方式进行热量的扩散,以降低整个电控系统的温度。但该方式具有灰尘易进入控制箱、温度控制稳定性差、湿空气易进入的缺点。所以,在一些较高档的数控机床上一般采用专门的电控箱冷气机进行电控系统的温湿度调节。

五、数控机床排屑装置和防护装置

数控机床的排屑装置是具有独立功能的附件,主要保证自动切削加工顺利进行和减少数控机床的发热。因此排屑装置应能及时自动排屑,其安装位置一般应尽可能靠近刀具切削区域。

数控机床的防护装置一般是用来使操作者和机器设备的转动部分、带电部分及加工过程中产生的有害物加以隔离。常见的防护装置如传动带罩、齿轮罩、电气罩、金属屑挡板和防护栏杆等。

> **任务实施**

一、润滑故障

实训中心某加工中心的液压系统出油不畅使得机床润滑不良。分析故障可能的原因,应先检查液压泵工作是否正常,液压泵输出压力是否达到机床说明书规定的额定压力;其次检查液压油是否有沉淀或杂质,检查回路中是否有堵塞,检查管路或液压元件是否有破裂或渗漏并造成系统压力损失。

具体故障检测及处理步骤如下:

1) 检查液压泵工作正常,输出压力达到机床说明书规定的额定压力。
2) 观察液压油,质地清透没有沉淀。
3) 观察回路中各压力表,发现其中一个压力明显偏低,检查管路后发现管路连接处有泄漏,造成压力损失,致使出油不畅。
4) 重新连接后,不产生泄漏,系统出油顺畅,机床零部件得到有效润滑,故障排除。

二、排屑故障

实训中心某卧式加工中心在加工过程中突然停机,操作面板上报警指示灯"OL"亮。分析故障原因可能主电路中存在着过载现象。

具体故障检测及处理步骤如下:

1) 从 CRT 显示器上查看 PLC 的各个输入点,发现 X2.2 不正常。X2.2 连接的是排屑电动机热继电器 OL.5 和 OL.6 的辅助常闭触点。在正常情况下,OL.5 和 OL.6 的辅助常闭触点都应在闭合状态,X2.2 的状态为"1"。现在其状态为"0",这说明热继电器动作,辅助常闭触点断开。用万用表测量后得以证实。
2) 检查排屑电动机,三相绕组完全对称,绝缘层也没有问题。检查排屑的机械装置,处于完好状态,没有卡阻现象。
3) 检查排屑电动机的连接电缆。从交流接触器到电动机的这一段电缆中,U、V、W 三相只有两相正常,另外一相导线断路。
4) 据理推断,电动机输入电源的一相导线断路后,电动机断相运行电流显著增大,引起热继电器动作,并产生过载报警机床停止工作。
5) 根据检查和诊断结果,更换这条存在断路的电缆,恢复电动机的正常供电,热继电器恢复常态,机床报警解除,故障被排除。

三、防护故障

实训中心某配置为 FANUC 数控系统的立式加工中心在执行换刀程序时,Y 轴与立柱防护罩相撞。分析原因可能为与刀具交换动作相关的机械、电气控制、电源和 PMC 信号传递等有故障。

具体故障检测及处理步骤如下:

1) 检查 PMC 信号传递状态,处于正常状态。
2) 检查机械手和液压系统,没有故障迹象。

3）检查相关电路控制元件，没有故障迹象。

4）查阅机床维修档案，本例机床工作一直正常，在更换了动力配电柜后，出现换刀动作故障。

5）推断动力配电柜内的电源等接线有连接故障。检查发现，有两只 RTO-200A 型熔断器的底座与母线连接不紧。

6）根据检查和诊断结果，紧固相关的接线部位后机床工作正常，故障排除。

> **任务总结与评价**

序号	项目及技术要求	评分标准	分值	成绩
1	工作准备	计划是否条理、全面、完善	20 分	
2	任务分析	任务要求是否明确	20 分	
3	故障查找	能够依据故障现象，找到故障点	30 分	
4	故障处理	能够规范操作处理故障	30 分	

> **课后习题**

1. 简述刀库乱刀故障及处理方法。
2. 简述机械手换刀常见故障及诊断方法。
3. 某加工中心输入换刀指令后刀库不能转动，分析可能出现的故障原因及排除该故障的步骤。
4. 数控机床辅助装置包含有哪些？并简述常见的故障。

参 考 文 献

[1] 刘宏利，李红，刘光定. 数控机床故障诊断与维修［M］. 重庆：重庆大学出版社，2021.
[2] 韦伟松，岑华. 数控机床故障诊断与维修［M］. 北京：电子工业出版社，2018.
[3] 金玉. 数控机床电气故障诊断与维修技术［M］. 西安：西安电子科技大学出版社，2018.
[4] 朱强，赵宏立. 数控机床故障诊断与维修［M］. 北京：人民邮电出版社，2014.
[5] 赵宏立. 数控机床故障诊断与维修［M］. 北京：人民邮电出版社，2011.
[6] 蒋洪平. 数控设备故障诊断与维修［M］. 2版. 北京：北京理工大学出版社，2006.

参考文献

[1] 刘本伟. 中国工业化进程中生态问题的哲学反思[M]. 北京: 中国人民大学出版社, 2011.
[2] 刘湘溶. 生态文明——人类可持续发展的抉择[M]. 北京: 电子工业出版社, 2016.
[3] 李小云. 农村环境治理: 政策体系与基本框架[M]. 北京: 中国人民大学出版社, 2013.
[4] 王灿发. 环境法学[M]. 北京: 中国政法大学出版社, 2014.
[5] 蔡守秋. 调整论: 对主流法理学的反思与补充[M]. 北京: 人民出版社, 2011.
[6] 陈泉生. 可持续发展与法律变革[M]. 北京: 法律出版社, 2000.